职业院校智能制造专业"十三五"系列教材

U0175216

工业视觉系统编程与调试

（基于 VBAI 视觉系统）

主　编　杨　波

副主编　王金平　李　俊

参　编　张立群　潘　莹　郭付龙　郑泳洋

主　审　彭旭昀

机械工业出版社

本书主要以工业视觉技术为主线，讲述工业视觉的基本组建、视觉软件的环境搭建、相机程序的编写以及工业视觉技术的应用。本书主要内容包括视觉系统基础知识、VBAI视觉系统、VBAI视觉实例、VBAI通信实例和工业机器人视觉技术综合实训。

本书可作为职业院校、普通高校工业机器人专业、自动化专业、工业控制类专业教材，也可供从事工业视觉应用与编程的人员参考。

图书在版编目（CIP）数据

工业视觉系统编程与调试：基于VBAI视觉系统／杨波主编.
—北京：机械工业出版社，2020.4（2025.1重印）
职业院校智能制造专业"十三五"系列教材
ISBN 978－7－111－65211－3

Ⅰ.①工… Ⅱ.①杨… Ⅲ.①计算机视觉-程序设计-高等职业教育-教材 Ⅳ.①TP302.7

中国版本图书馆CIP数据核字（2020）第051731号

机械工业出版社（北京市百万庄大街22号 邮政编码100037）
策划编辑：陈玉芝 责任编辑：陈玉芝 王振国
责任校对：张 薇 封面设计：陈 沛
责任印制：邓 博
北京盛通数码印刷有限公司印刷

2025年1月第1版第4次印刷
184mm×260mm·14.75印张·413千字
标准书号：ISBN 978－7－111－65211－3
定价：39.80元

电话服务 网络服务
客服电话：010-88361066 机 工 官 网：www.cmpbook.com
 010-88379833 机 工 官 博：weibo.com/cmp1952
 010-68326294 金 书 网：www.golden-book.com
封底无防伪标均为盗版 机工教育服务网：www.cmpedu.com

前 言

随着全球智能制造技术的快速发展，工业视觉的应用日益普及。工业视觉涉及人工智能、神经生物学、心理物理学、计算机科学、图像处理和模式识别等诸多领域。其最大的特点是速度快、信息量大、功能多。工业视觉代替了传统的人工检测方法，极大地提高了产品质量，提高了生产效率。

本书遵循"以能力培养为核心，以技能训练为主线，以理论知识为支撑"的编写思想，通过详细的图例，使读者认识工业视觉，学会检查瓶盖、检测垫片的距离、检测熔丝（俗称保险丝）产品、用两台相机测定物体实际长度、检测 MOS 引脚和串口引脚、串口和 TCP 通信、VBAI 与机器人通信等，全面掌握工业视觉的应用知识和技能。

本书第 2 章对 VBAI 中基本模块的每个子函数进行了详细介绍，并解决了因对函数的英语含义不理解造成的使用困难，对于较难掌握的部分在应用中也列举出相应的案例，以便进行巩固和加强。这部分内容作为理论知识，是对实训项目的一个支撑，实训部分需要在这一章中进行查阅。内容编排上理论与实践相结合，体现了"做中学，学中做"一体化教学模式的特色。

本书内容简明扼要、图文并茂、通俗易懂，并配合技成培训网（www.jcpeixun.com）配备在线教育视频。

本书由杨波、王金平、李俊、张立群、潘莹、郭付龙和郑泳洋编写，由彭旭昀主审。在本书的编写过程中，得到了深圳技师学院的领导、教师以及合作企业相关人员的大力支持，在此一并表示感谢。

由于编写时间仓促，加之作者水平有限，书中难免存在错误和不妥之处，恳请广大读者批评指正，请将您的意见和建议发至 yangbo827@163.com，不胜感谢。

编者

目 录

第1章 视觉系统基础知识

01

1.1 概述

工业视觉就是用机器代替人眼进行测量和判断。工业视觉系统用计算机来分析图像，并根据分析得出结论，进而给出下一步工作指令。现今工业视觉有两种应用：探测目标（监视、检测与控制）；运用光学器件和软件直接指导制造过程。

无论是哪种应用，通常机器视觉系统都由以下子系统或其中部分子系统构成，即传感检测系统、光源系统、光学系统、采集系统（相机）、图像处理系统（图像采集卡）、图像测控系统（图像与控制软件）、监控系统、通信/输入输出系统、执行机构和报警系统等。

工业视觉系统具体可以分解成以下产品群。

- 传感检测系统：传感器以及与其配套使用的传感控制器等。
- 光源系统：光源以及与其配套使用的光源控制器。
- 光学系统：光圈、镜头及光学接口等。
- 采集系统：数码相机（CCD 或 CMOS）、红外相机和超声探头等。
- 图像处理系统：图像采集卡、数据控制卡等。
- 图像测控系统：图像采集、图像处理、图像分析和自动控制等软件。
- 监控系统：监视器。
- 通信/输入输出系统：通信链路或输入输出设备。
- 执行机构：机械手及控制单元。
- 报警系统：报警设备及控制单元。

工业视觉系统的工作原理是：工业视觉检测系统采用 CCD 或 CMOS 照相机将被检测目标转换成图像信号，然后传送给专用的图像处理系统，根据像素的分布、亮度和颜色等信息，转变成数字化信号，图像处理系统对这些信号进行各种运算来抽取目标的特征，如面积、数量、位置、长度，再根据预设的允许度和其他条件的输出结果，包括尺寸、角度、个数、合格/不合格、有/无等，实现自动识别功能。

工业视觉软件主要有以下几个。

1. VisionPro 软件（日本）

VisionPro 提供多种开发工具——拖放式界面、简单指令码和编程方式，全面支持所有模式的开发。用户利用 VisionPro QuickBuild 可以配置读取、选择，并优化视觉工具，决定产品是否合格等，所有这些都无须编程即可实现。

2. HALCON 软件（德国）

HALCON 是一套完善的、标准的工业视觉算法包，拥有应用广泛的工业视觉集成开发环境。它节约了产品的成本，缩短了软件开发周期。

3. NI LabVIEW 软件（美国）

NI LabVIEW 使用图形化编辑语言编写程序，产生的程序是框图的形式。NI（National Instruments）在工业视觉和图像处理方面一直是领导者，对于许多应用来说，用户不需要通过编程来建立一个完整的工业视觉系统。

1.2　搭建工业视觉处理平台

通常典型的机器视觉系统由四部分组成，即光源、相机、图像采集卡和图像处理软件，如图 1-1 所示。

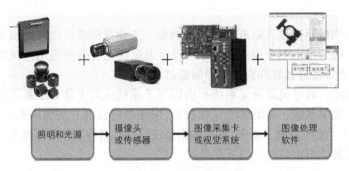

图 1-1　典型的机器视觉系统

作为机器视觉系统开发工程师，必须根据实际需要选择好光源、相机、图像采集卡和图像处理软件。下面将依次介绍如何选择光源、相机、图像采集卡和图像处理软件，并介绍一种对初学者来说性价比非常高的学习方案。

1.2.1　选择光源

刚接触机器视觉系统时可能无法意识到光源选择恰当与否直接关系到系统的成败。例如，把 5kg 红豆（待观察的对象特征）、5kg 绿豆（不需要关注的物体）和 5kg 沙子（噪声）混合在一起，让你在 3min 内把 5kg 红豆筛选出来，以及把 5kg 红豆、0.5kg 绿豆、0.5kg 沙子混合在一起，让你在 3min 内把 5kg 红豆筛选出来，谁更容易些？显然干扰少（0.5kg 绿豆）、噪声低（0.5kg 沙子）的工作才能干得又快又好！

选择光源的目标就是：第一，增强待处理的物体特征；第二，减弱不需要关注的物体和噪声；第三，不会引入额外的干扰，以获取高品质、高对比度的图像。

按照明方式不同，光源可分为直接照明光源、散射照明光源、背光照明光源、同轴照明光源和特殊照明光源。下面将依次介绍各种不同的光源。

1.2.1.1　直接照明光源

直接照明光源就是光源直接照射到被检测物体上，它的特点是照射区域集中、亮度高和安装方便，可以得到清晰的影像。常见的直接照明方式有沐光方式、低角度方式、条形方式和聚光方式。

1. 沐光方式

沐光方式常用的是 LED 环形光源，如图 1-2 所示。高密度的 LED 阵列排列在伞状结构中，可以在照明区域产生集中的强光。

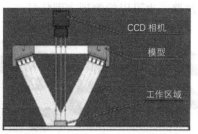

图1-2 LED环形光源的沐光方式 （引自 www. ccs-inc. co. jp）

图1-2的右边部分是LED环形光源的安装部分，其中被检测的物体位于图中的工作区域。

这种照明方式的优点是亮度大、灵活、容易适应包装要求；它的缺点是阴影和反光。其常见的应用是检测平面和有纹理的表面。其照明效果如图1-3所示，左边是实物，右边是照明效果。可以看到，在沐光方式下，芯片表面的字迹显示得非常清晰。

图1-3 沐光方式照明效果 （引自 www. ccs-inc. co. jp）

2. 低角度方式

低角度方式常用的也是LED环形光源，如图1-4所示。与沐光方式所用的环形光源不同的是，低角度方式所用的环形光源更大，安装的角度更低，接近180°。

低角度方式下，光源以接近180°角照明物体，容易突出被检测物体的边缘和高度变化。这种照明方式的优点是凸显表面结构，增强图像的拓扑结构；其缺点是热点和极度阴影。其常见的应用是检测平面和有纹理的表面。其照明效果如图1-5所示，左边是实物，右边是照明效果。可以看到，在低角度方式下，硬币的边缘及字迹的边缘显示得非常清晰。

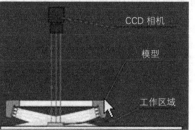

图1-4 低角度方式 （引自 www. ccs-inc. co. jp）　　　　**图1-5 低角度方式照明效果**

　　　　　　　　　　　　　　　　　　　　　　　　　　　　（引自 www. ccs-inc. co. jp）

3. 条形方式

条形方式常用的是LED条形光源，如图1-6所示。条形方式除具备沐光方式的优点外，其安装角度还可以按照需要进行调节。通过调节光线的角度和方向，可以检测到被测物体表面是否有光泽、是否有纹路，也可以检测到表面特征。

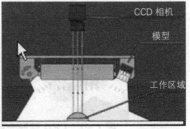

图 1-6　条形方式（引自 www.ccs-inc.co.jp）

4. 聚光方式

聚光方式主要是在条形光源上加入一个柱形透镜，把光线汇聚成一条直线，以产生高亮度线光源，如图 1-7 所示。线性聚光方式常常配合线阵相机以获得高质量的图像。

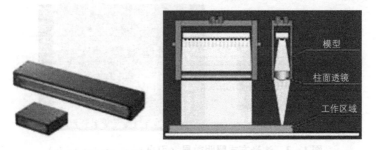

图 1-7　聚光方式（引自 www.ccs-inc.co.jp）

1.2.1.2　散射照明光源

对于表面平整光洁的高反射物体，直接照明方式容易产生强反光。散射照明则是先把光投射到粗糙的遮盖物上（如漫反射板），产生无方向、柔和的光，然后再投射到被检测物体上，如图 1-8 所示。这种光最适合高反射物体。

1. 低角度方式

与前述直接照明的低角度方式不同，散射方式的光源先经过内壁散射之后再均匀地照射到物体上，在提供均匀照明的同时，可以有效地消除边缘的反射，如图 1-9 所示。

图 1-8　散射照明　　　图 1-9　散射照明中的低角度方式（引自 www.ccs-inc.co.jp）

上述照明方式常用于 BGA（Ball Grid Array，球栅阵列封装）焊点检测、芯片管脚检测等应用。图 1 – 10 是 BGA 焊点的成像实例，由图中可见，在低角度散射照明下，BGA 的焊点清晰且没有反光。

2. 扁平环状方式

扁平环状方式是在光源前面添加了一块漫反射板，光源经过反射后再经过漫反射板，可以形成均匀漫射的顶光，避免了眩光和阴影，如图 1 – 11 所示。

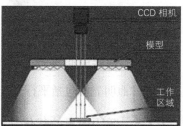

图 1 – 10　BGA 焊点的成像实例（引自 www.ccs-inc.co.jp）　　　**图 1 – 11　扁平环状方式**

3. 圆顶方式

圆顶方式如图 1 – 12 所示，最适合表面有起伏的、光泽的被测物体的文字检查。

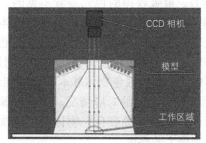

图 1 – 12　圆顶方式

1.2.1.3　背光照明光源

背光照明方式下，光源均匀地从被检测物体的背面照射，可以获得高清晰度的轮廓，常用于物体外形检测、尺寸检测等，如图 1 – 13 所示。

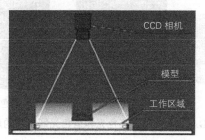
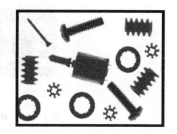

图 1 – 13　背光照明方式及其成像实例

1.2.1.4　同轴照明光源

LED 的高强度均匀光线通过半镜面后成为与镜头同轴的光，如图 1 – 14 所示。具有特殊涂层的半镜面可以抑制反光和消除图像中的重影，特别适合检测镜面物体上的划痕。

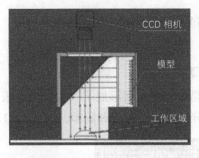

CCD 相机

模型

工作区域

图 1 - 14　同轴照明光源

1.2.1.5　特殊照明光源

特殊照明光源包括平行光光学单元、显微镜专用照明系统和按照客户要求定制的光源等。

1.2.1.6　照明效果的优化

当选择好一款光源类型后，还可以利用很多技术来最优化检测结果。

1. 颜色

不发光体又可分为透明体和不透明体两种，大部分是不透明体。不透明体都具有反射或吸收不同波长色光的能力，被吸收掉的色光是看不见的。只有反射回来的色光才直接作用于人的眼睛，所以看到的不透明体的颜色是反射光的颜色，这就是"反射色"。如果用红色光照射红色的物体，能得到最高的亮度；若用红色光照射绿色物体，可以得到最低的亮度，或者说图像几乎是黑的，因为绿色物体基本不反射红色光。图 1 - 15 所示的彩色轮展示了色彩之间的对应情况。用一种颜色照射它相对的颜色，基本是黑色；照射其他颜色，物体亮度依次增加；照射同样的颜色，可以得到最大的亮度。

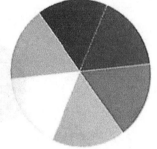

图 1 - 15　彩色轮

所以，适当地选择光源颜色，可以增强图像的对比度。图 1 - 16 展示了 BGA 焊点分别在红色光和蓝色光照射下的成像实例。在红色光下，芯片中央的条纹依然清晰可见，这为引脚检测引入了干扰；在蓝色光照射下，芯片中央的条纹基本看不见了，仅留下 BGA 焊点的影像，便于后续检测。

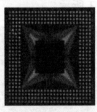
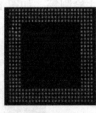

红色光　　　　　　　　蓝色光

图 1 - 16　BGA 焊点分别在红色光和蓝色光照射下的成像实例

2. 滤光镜

消除不必要的数据和噪声可以加快有用信息的处理速度。滤光镜是一个简单的限制进入相机光线的技术。常见的滤光镜有偏光镜、波通镜和阻隔镜。它们的作用类似滤波器，滤掉符合一定条件的信号。

图 1 - 17 展示了偏光镜消除眩光的成像实例。在相机镜头前添加偏光镜，旋转偏光镜到眩光最小的地方；如果眩光还影响检测，则可以再添加一个偏光镜直到图像清晰为止。

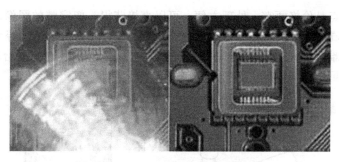

图 1-17 偏光镜消除眩光的成像实例

1.2.2 选择相机

光源选择好后，下一步就是选择相机。通常，在工业相机的说明书上会出现图 1-18 所示的指标。

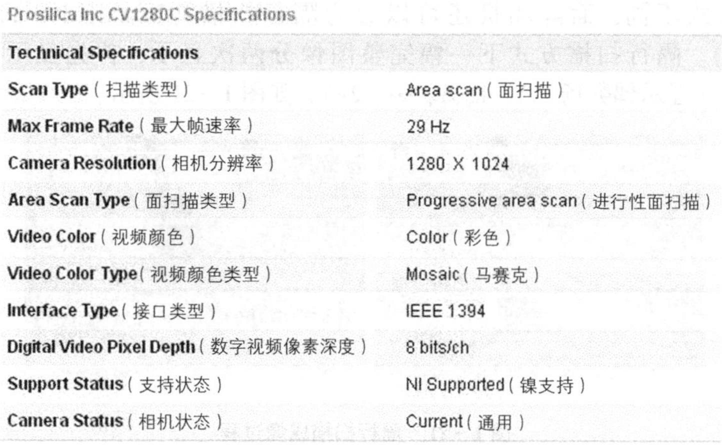

Prosilica Inc CV1280C Specifications	
Technical Specifications	
Scan Type（扫描类型）	Area scan（面扫描）
Max Frame Rate（最大帧速率）	29 Hz
Camera Resolution（相机分辨率）	1280 X 1024
Area Scan Type（面扫描类型）	Progressive area scan（进行性面扫描）
Video Color（视频颜色）	Color（彩色）
Video Color Type（视频颜色类型）	Mosaic（马赛克）
Interface Type（接口类型）	IEEE 1394
Digital Video Pixel Depth（数字视频像素深度）	8 bits/ch
Support Status（支持状态）	NI Supported（镍支持）
Camera Status（相机状态）	Current（通用）

图 1-18 工业相机指标（来自 www.ni.com）

下面详述工业相机常见的指标，以帮助大家选择合适的相机。

1. 扫描类型（Scan Type）

相机中的成像元件是 CCD 芯片。如果 CCD 芯片只有一行感光器件（见图 1-19a），也就是说，每次只能对物体的一条线进行成像，那么这种扫描类型称为线扫描（Line Scan），这样的相机称为线阵相机。如果 CCD 芯片的感光区是个矩形阵面（见图 1-19b），也就是说，每次能对物体进行整体成像，那么这种扫描类型称为面扫描（Surface Scan），这样的相机称为面阵相机。

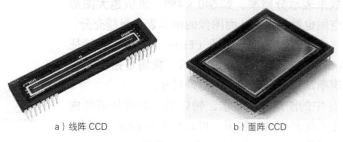

a）线阵 CCD   b）面阵 CCD

图 1-19 线阵 CCD 与面阵 CCD

　　面阵相机的优点是价格便宜、处理方便，可以直接获得一幅完整的图像。线阵相机的优点是速度快、分辨率高，可以实现运动物体的连续检测，如传送带上的滤波等带状物体（这种情况下，面阵相机很难检测）；其缺点是需要拼接图像的后续处理。图 1 - 20 给出了线阵相机成像实例，以帮助大家更好地理解线阵相机的成像过程。

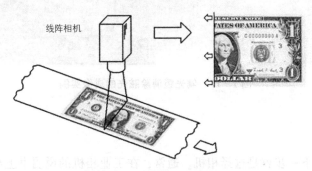

图 1 - 20　线阵相机成像实例

　　按照扫描方式不同，面阵相机还可以分为隔行扫描（Interlaced Scan）和逐行扫描（Progressive Scan）。隔行扫描方式下一幅完整图像分两次显示，首先显示奇数场（1、3、5、…、$2n-1$），再显示偶数场（2、4、6、…、$2n$），如图 1 - 21 所示。

图 1 - 21　隔行扫描成像过程

　　隔行扫描相机的优点是价格便宜，但由于隔行扫描方式是先扫奇数场，再扫偶数场，所以隔行扫描相机在拍摄运动物体时容易出现锯齿状边缘或叠影。

　　逐行扫描相机则没有上述缺点，由于所有行同时曝光，不会分先后顺序，所以在拍摄运动图像时画面清晰、失真小。在其余参数相似的情况下，逐行扫描相机要比隔行扫描相机价格贵。

2. 相机分辨率（Camera Resolution）

　　分辨率是影响图像效果的重要因素，一般用水平和垂直方向上所能显示的像素数来表示分辨率，如 640 × 480。该值越大图形文件所占用的磁盘空间也就越多，从而图像的细节表现得越充分。

　　与分辨率联系非常紧密的参数是视场（Field of View）和特征分辨率（Feature Resolution），如图 1 - 22 所示。视场是指能拍摄到的范围，特征分辨率是指能分辨的实际物理尺寸。

　　NI Vision Module 中的图像算法要求，物体最小的特征需要两个像素来表示，根据视场和相机分辨率，可以计算出特征分辨率。计算特征分辨率的公式为

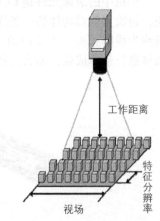

$$特征分辨率 = 视场/分辨率 × 2$$

图 1 - 22　视场和特征分辨率

例如，相机分辨率为 640×480，横向的视场是 60mm，那么在横向的特征分辨率为 60mm/ $640 \times 2 = 0.1875$mm（30 万像素：640×480。200 万像素：1600×12000。500 万像素：2600×1950）。

3. 相机的图像传输方式

按照不同的图像传输方式，相机可以大致分为模拟相机和数字相机。

（1）模拟相机　模拟相机以模拟电平的方式表达视频信号，如图 1-23 所示。模拟相机现在使用非常广泛，其优点是技术成熟、成本低廉、对应的图像采集卡价格也比较低。8bit 的图像采集卡可以提供 256 级的灰度，对于大部分的图像应用已经足够了。

模拟相机有 4 个非常成熟的标准，即 PAL、NTSC、CCIR 和 RS-170，见表 1-1。其中需要关注的参数有帧率、彩色/黑白、分辨率。

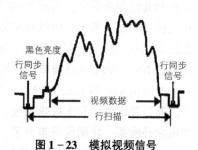

图 1-23　模拟视频信号

表 1-1　模拟相机标准

标准	使用地	帧率/（帧/s）	彩色/黑白	分辨率
PAL	欧洲	25	彩色	768×676
NTSC	美国、日本	30	彩色	640×480
CCIR	欧洲	25	黑白	768×676
RS-170	美国、日本	30	黑白	640×480

由表 1-1 可以看出，不同标准对应不同的参数，这些参数必须正确告知图像采集卡，才能获得准确的图像。在 NI Measurement&Automation 中，可以根据相机模拟图像的输出格式来配置图像采集卡，如图 1-24 所示。

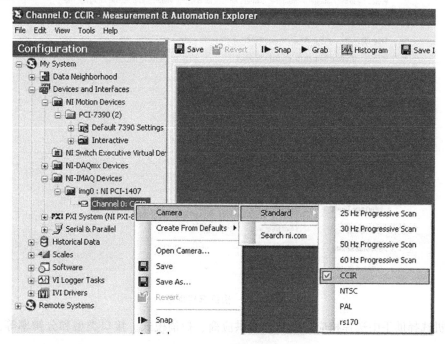

图 1-24　配置图像采集卡

模拟相机也有缺点，如帧率不高、分辨率不高等。在高速、高精度机器视觉应用中，一般都会考虑数字相机。

（2）数字相机　数字相机先把图像信号数字化后通过数字接口传到计算机中。常见的数字相机接口有 CameraLink、Firewire、GigE 和 USB。

1）CameraLink 是一个工业高速串口数据连接标准，它是由 National Instruments、摄像头供应商和其他图像采集公司在 2000 年 10 月联合推出的，它在一开始就对接线、数据格式、触发、相机控制等做了考虑，所以非常方便机器视觉应用。CameraLink 的数据传输率可达 1Gbits/s，可提供高速率、高分辨率和高数字化率，信噪比也大大改善。CameraLink 的标准数据线长 3m，最长可达 10m。如果是高速或高分辨率的应用，CameraLink 肯定是首选。

2）Firewire 即 IEEE1394，是为数字相机和 PC 连接设计的，它的特点是速度快（400Mbits/s），通过总线供电和支持热插拔。值得一提的是，如果 PC 上自带 Firewire 接口，那么不需要为相机额外购买一块图像采集卡了，这在成本上也是一种优势。

3）GigE，即千兆以太网接口，它似乎综合了高速数据传输和远距离的特点，而且电缆便宜（网线）。它的缺点是支持这种接口的相机型号比较少，选择有限。

4）USB 相机较多地用在娱乐上，如 USB 摄像头，USB 工业相机型号也比较少，在工业中的使用程度不高。但正是因为 USB 摄像头超级低廉（不到 100 元人民币），所以本书把 USB 摄像头作为工业视觉学习的硬件平台，这样可以方便大家以低廉的成本进入工业视觉领域。

（3）选择图像采集板卡　一般来说，选好相机后，图像处理板卡也就确定了。生产图像处理板卡的厂家非常多，如果除了利用其进行单纯的图像处理外，还进行数据采集、运动控制等，National Instruments 公司的图像处理板卡是一个不错的选择，因为所有功能都可以在一个统一的软件平台（LabVIEW）和硬件平台（PXI）上完成，方便系统集成。

www.ni.com/camera 上提供一个相机选择助手，如图 1-25 所示。

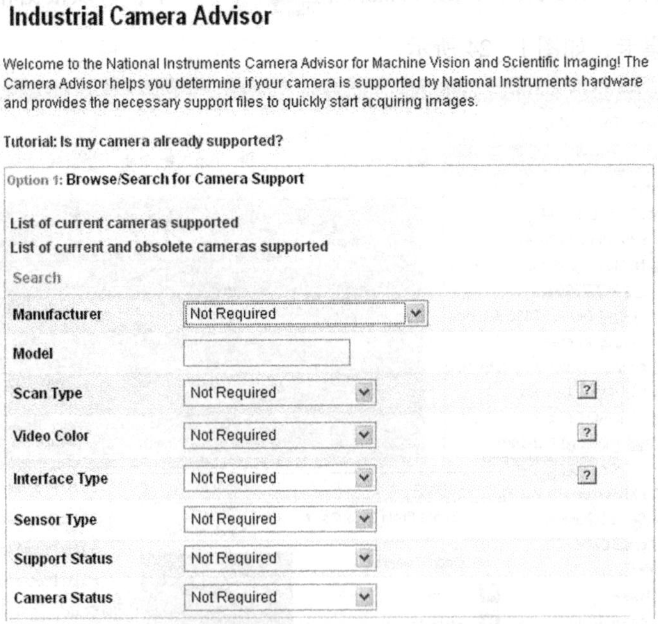

图 1-25　相机选择助手

在相机选择助手中选择相应的参数，如供应商、扫描模式、接口类型和分辨率等，就可以查找到相应的应用比较成熟的相机，并且还可以比较同类型的相机。

单击感兴趣的相机页面，不仅可以获得相机相关的信息，还可以得到图像采集卡的推荐，如图 1-26 所示。推荐的图像采集卡都是经过 NI 公司验证的，所以可以把兼容性问题降到最低。

Industrial Camera Advisor

Prosilica Inc CV1280

- Fast Framerates (more than 30 fps at megapixel resolutions)
- Snapshot shutter
- Advanced triggering (TTL levels)
- IEEE-1394 (Firewire) - DCAM 1.3 compliant (IIDC 1.3)
- High Resolution (1280 x 1024)

CVS1280 high-resolution digital machine vision camera designed specifically with National Instruments in mind. DCAM-compliant Firewire (IIDC 1.30 and 1.31)and advanced triggering. Special features include extended dynamic range function, high framerates, versatile triggering and region of interest readout.

Contact Prosilica Inc	View Full Specifications

NI Compatible Products

NI - Compatible Hardware	
778925-01	NI PCI-8252/PXI-8252 IEEE-1394 interface device
For use with 1394 connection	
778638-01	NI CVS-1454/1455/1456 IEEE-1394 Compact Vision System
779679-01	图像采集板卡 NI PCIe-8255 IEEE-1394 interface

图 1-26 相机信息页面

（4）选择软件处理平台　机器视觉处理软件有很多种，如源代码开放的 OpenCV 和 Mathworks 公司的图像处理工具包、Matrox 公司的 Imaging Library 以及 National Instruments 公司的 LabVIEW 等。

如果目标是机器视觉算法研究，需要考虑软件的源代码是否开放。如果目标是机器视觉系统的开发，需要考虑的因素有图像处理函数库是否完备、发布费用是否高昂、使用是否方便、开发平台是否统一、与硬件结合是否容易、公司的售后服务及技术支持是否到位等。

机器视觉系统开发带有很强的试验性质，通常需要多种处理算法混合在一起才能取得目标效果，需要一边尝试一边开发。如果图像处理函数库不够完备，那么开发起来处理过程将受到很多限制。

商业的软件平台通常会收取发布费用，如果产品比较低端，那昂贵的发布费用将占去大部分利润。

对于系统开发来说，商品的上市时间是一个重要因素，大量的时间花在源代码的调试上是一件得不偿失的事情，所以软件的易用程度和学习曲线将是一个重要的考虑因素。

机器视觉系统是一个涵盖机械、图像处理、数据采集和运动控制等的复杂系统，如果开发平台统一，而且容易集成诸如数据采集和运动控制等功能，则比较容易开发出功能更加复杂、附加值更高的产品。笔者曾经做过一套系统，在 VC 下进行图像采集与处理，用单片机系统实现数据采集，用 PLC 进行电动机控制，然后用 RS485 进行通信。在这个工程项目中，必须学习 VC、Keil C 和 GXDeveloper 这 3 种开发平台，且不说各模块功能的实现，单是设计和开发通信协议，就在 3 个平台间来回切换，花费了很多精力和时间。

另外，如果供应商的技术支持做得比较好，如有免费 800 电话、工程师现场支持等服务，会非常有助于项目的开发。

本文将介绍 National Instruments 公司的 LabVIEW 开发平台，在这个平台上不仅可以学习图像采集、图像处理及工业视觉，学完后还能将所学到的知识和技能直接用于工业视觉系统的开发。

1.2.3 选择镜头

1. 镜头

镜头一般都由光学系统和机械装置两部分组成。其中，光学系统由若干透镜（或反射镜）组成，以构成正确的物像关系，保证获得正确、清晰的影像，它是镜头的核心；机械装置包括固定光学元件的零件（如镜筒、透镜座、压圈、连接环等）、镜头调节机构（如光圈调节环、调焦环等）及连接机构（如常见的 C、CS 接口）等。镜头相关参数如图 1 - 27 所示。

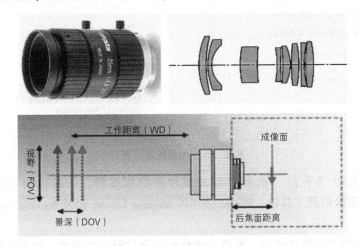

图 1 - 27　镜头相关参数

2. 镜头焦距

镜头焦距是指镜头光学后主点到焦点的距离，是镜头的重要性能指标。镜头焦距的长短决定着拍摄的成像大小、视场角大小、景深大小和画面的透视强弱。

镜头焦距是镜头的一个非常重要的指标。镜头焦距的长短决定了被摄物在成像介质（胶片或 CCD 等）上成像的大小，也就相当于物和像的比例尺。当对同一距离远的同一被摄目标进行拍摄时，镜头焦距长的所成的像大，镜头焦距短的所成的像小。

根据用途，相机的工业镜头焦距有 5mm、8mm、12mm、25mm、35mm、50mm 和 75mm 等。

3. 光圈

光圈是相机镜头中可以改变中间孔大小的机械装置。光圈也称为"相对通光孔径"，相机的镜头用一个由多个叶片组成的组件来控制进入镜头的光线强度。该镜头组件称为光圈。

经推理计算得出规律：影像（在感光元件上的成像）的照度除了与景物本身的亮度和像的放大（或缩小）倍率有关系外，还与镜头光圈的直径 D 的二次方成正比，与镜头的焦距 f 成反比，D/f 的值称为镜头"相对通光孔径"，为了方便，把相对通光孔径的倒数 f/D 称为光圈数，也叫作 F 数。光圈系数是镜头的重要内部参数，它是镜头相对孔径的倒数，一般的厂家都会用 F 数来表示这一参数。例如，如果镜头的相对孔径是 1:2，那么其光圈也就是 $F2.0$。因此，该比值越小，则光圈越大，在单位时间内的通光量越大。

4. 景深

景深是一个光学概念。当镜头聚焦于被摄影物的某一点时，这一点上的物体就能在 CCD 上清晰地成像。在这一点前后一定范围内的景物也能记录得较为清晰。这就是说，镜头拍摄景物的清晰范围是有一定限度的。这种在摄像管聚焦成像面前后能记录"较为清晰"的被摄影物纵深的范围便为景深。

5. 焦距、光圈与景深的关系

可以归纳如下。

（1）镜头光圈　光圈越大，景深越小；光圈越小，景深越大。

（2）镜头焦距　镜头焦距越长，景深越小；焦距越短，景深越大。

（3）拍摄距离　距离越远，景深越大；距离越近，景深越小。

6. 视场角 2ω

半视场角 $\omega = 1/2\text{FOV}$

$$= \arctan\left[d/(2 \times f)\right]$$

如图 1-28 所示，当焦距 f 一定时，视场角越大，成像也越大；同时，当成像面的尺寸一定时，焦距越长，视场角越小。例如，俗称的广角镜头，其焦距就很短。

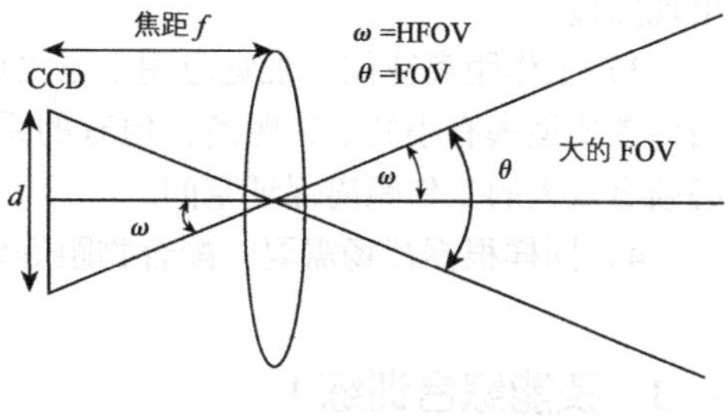

7. 光学放大率

光学放大率＝像的尺寸/实际物体的尺寸

$$= \text{CCD 尺寸/视场大小}$$

图 1-28　半视场角

8. CCD 靶面尺寸

CCD 靶面尺寸如图 1-29 所示。

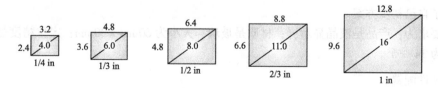

图 1-29　CCD 靶面尺寸

注：1in≈2.45cm。

9. 畸变

一般来说，镜头畸变实际上是光学透镜固有的透视失真的总称，也就是由透视造成的失真，这种失真对于照片的成像质量是非常不利的，这是透镜的固有特性，所以无法消除，只能改善。

①**桶形畸变**，也叫作正畸变，由镜头中透镜物理性能以及镜片组结构引起的成像画面呈桶形膨胀状的失真现象，如图 1 - 30b 所示。使用广角镜头时最容易出现正畸变。

②**枕形畸变**，也叫作负畸变，由镜头引起的画面向中间"收缩"的现象，使用长焦镜头时最容易出现，如图 1 - 30c 所示。

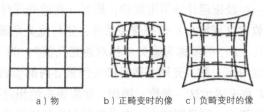

a）物　　b）正畸变时的像　　c）负畸变时的像

图 1 - 30　畸变

③**线性畸变**，又叫作线性失真，当试图近距离拍摄高大的直线结构时，就会导致另一种失真，这种失真现象称为线性畸变。

10. 决定镜头品质的因素

在镜头中安装有能控制光线输入量的可变光圈，使镜头的相对孔径 F 可以连续变化，以便适应对不同亮度物体的正确曝光。前面已经提到调节光圈的大小时可以影响景深大小。所以为了获得大景深效果，在照明许可的情况下，应尽可能加大照明强度，减小光圈，获得较大的景深。按照功能分类，镜头还可以进一步分为自动调焦镜头、自动光圈镜头等。

11. 选择镜头需要考虑的因素

1）接口。考虑到接口安装问题，相机有 C/CS 接口，镜头同样有 C/CS 接口。当相机和镜头接口不同时，需要一个"CS - C"口转接环，来进行接口转换。CS 口相机加上转接环后转换成 C 口相机，可以使用 C 口镜头。同样，C 口相机去掉转接环可转换成 CS 口相机。

2）尺寸。CCD 芯片尺寸大小通常为 1/3in，1/2in。镜头一般是 1/3in、1/2in、2/3in。不同芯片规格要求相应的镜头规格。镜头的设计规格必须大于或等于芯片规格；否则在视场边缘会出现黑边。

3）工作距离往往在视觉应用中至关重要，它与视场大小成正比。有些系统工作空间很小，因而需要镜头有小的工作距离，但有的系统在镜头前可能需要安装光源或其他工作装置，因而必须有较大的工作距离保证空间。

4）同样根据视场需要，配合物距等要求来选择不同焦距的镜头或者放大镜头。

1.3　技能综合训练1

工作场景描述

在自动化生产线中，要求加装工业视觉系统进行产品不良品的检测。负责改造工程部的万工为了更好地与供应商进行技术交流，主动学习了工业视觉系统知识，并在工业现场对选择工业相机有了自己初步方案。

具体要求为：产品是液晶显示屏；材质是玻璃；大小为 60mm × 30mm；定位精度是 0.1mm；定位速度为 3s 一个。

给出硬件配置。

镜头的选择由于这个项目对检测环境没有特殊要求，人为设定 $L = 200$mm，MER - 200 - 14GM 的相机 CCD 芯片的宽度为 $1628 × 4.4 \mu m = 7.2$mm，高度为 $1236 × 4.4 \mu m = 5.4$mm。可计算出宽度的焦距 $W_f = L ×$ CCD 宽度/（目标宽度 + CCD 宽度）$= 200 × 7.2/(60 + 7.2) = 21$，高度的焦距 $H_f = L ×$ CCD 高度/（目标高度 + CCD 高度）$= 200 × 5.4/(30 + 5.4) = 31$，选择比两者都小的值作为镜头焦距 21 以下的有 16mm，故选择 16mm 定焦可满足需求。

认识工业视觉系统任务完成报告表

姓名		任务名称	工业视觉系统认知
班级		同组人员	
完成日期		分工任务	

简答题:

1. 机器视觉的工作原理是什么?

2. 工业视觉系统的产品群有哪些?

3. 市场上机器视觉软件有哪些?各有什么优缺点?

4. 直接照明光源有哪几种方式?分别适用的场合有哪些?

5. 散射照明光源的种类有哪些?分别适用的场合是什么?

6. 写出彩色轮所对应的颜色配对。

7. 工业相机的参数有哪些?

8. 工业相机的像素与定位精度的关系是什么?

9. 工业相机 CCD 和 CMOS 的区别是什么?

10. 工业相机镜头的参数有哪些?

选型工业相机任务完成报告表

姓名		任务名称	选型工业相机
班级		同组人员	
完成日期		分工任务	

工业相机技术参数有多少指标（请详细介绍种类有哪些）？

1）芯片：

2）分辨率：

3）信号：

4）色彩：

5）帧率：

6）镜头匹配：

7）数字接口：

8）触发方式：

根据现场要求，请写出你所选工业视觉系统的具体参数（相机、光源、镜头）。

第2章 VBAI 视觉系统

02

2.1 VBAI 概述

VBAI（Vision Builder for Automated Inspection），是 VBAI 公司推出的一款视觉检查软件，被称为用于自动检测的视觉生成器，同 KEYENCE、OMRON、PANASOVBAIC 等智通系统有些类似。应用 VBAI，基本上不需要编程，只需要选择合适的功能函数（Step/VI），配置好参数就可以完成许多测试。此工具是实验室进行快速视觉效果验证的理想工具，也是生产线实现简易测试的理想测试平台。但其也有不足之处，如价格昂贵（3 万多人民币）、功能函数有限以及对第三方硬件支持不足等。在其欢迎界面中（见图 2-1），可以发现界面基本上分成左、右两部分，左边部分为检测配置部分，右边部分为帮助部分。

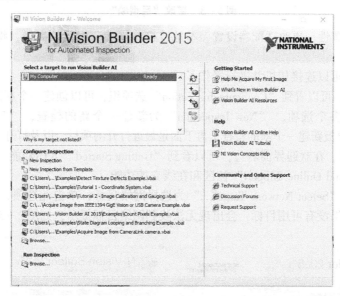

图 2-1 欢迎界面

图 2-2 的左上部分 "Select a target to run Vision Builder AI"，指选择用于运行 VBAI 的目标，中间列表框中默认的是 "我的电脑（My Computer）"，如果连接了智能相机，则会出现智能相机选择项，如果添加了仿真，同样会出现仿真选项。这里需要安装 NI 公司另一款软件 Vision Acquisition Software，才能连接其他相机设备，单独安装 VBAI 只能对图像进行处理。这里直接在计算机上连接市面上常见的工业相机或者普通的 USB 相机就可以。

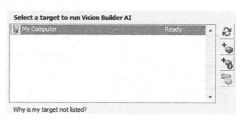

图 2-2 运行目标

例如，连接用**千兆网**传输的工业相机需要在计算机上进行设置，如图 2-3 所示。

图 2-3 更改"巨型帧"

步骤：网络→属性→更改适配器设置→本地连接→属性→配置→高级，将"巨型帧"更改为 9KB MTU。

设置完成后就可以连接相机并进行操作了。

在欢迎界面中，可以看到"Configure Inspection"选项组，可以创建一个新的检查或者修改已有的检查。下面有多个选项，"New Inspection"为新建一个新的检查，"New Inspection from Template"为基于模板新建一个新的检查，再下面是最近打开的项目，以及打开计算机内的项目。

如图 2-4 所示，在欢迎界面右边，可以看到"Getting Started"入门功能，"Help"帮助功能以及"Community and Online Support"社区和在线支持功能。

其中，第一项"Select Network Target…"为选择网络目标，单击此选项，VBAI 会扫描远程网络可用目标，如果没有可用目标，会出现无法找到网络目标提示，如图 2-5 所示。

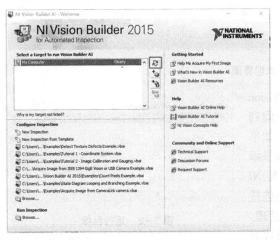

图 2-4 小图标选项

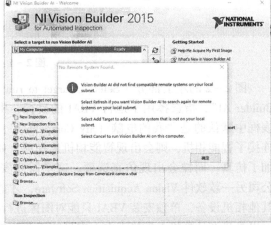

图 2-5 未找到网络目标

如果找到网络目标，则会出现目标名、IP地址、描述、状态和MAC地址等，如图2-6所示。

图2-6中显示找到远程目标，这里用的是NI1742智能相机，可以对它的属性进行读取与设置。设置好后，单击OK按钮，返回VBAI欢迎界面，在这里运行目标下拉菜单，将显示连接的远程目标IP地址，如图2-7所示。

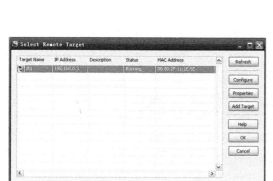

图2-6　找到远程目标

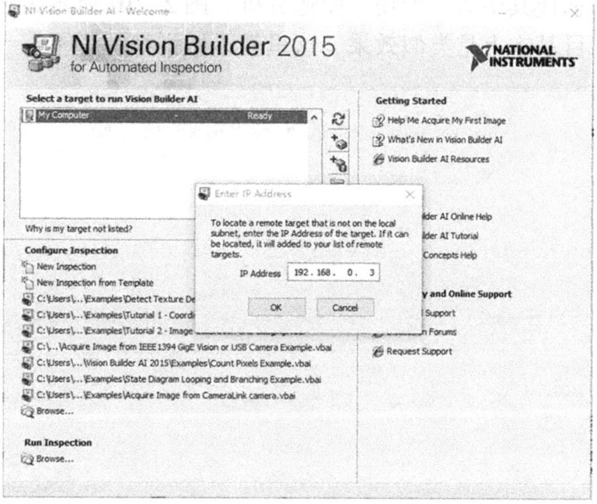

图2-7　连接到远程目标

连接好远程目标后，就和在本地使用相机差不多了。此例中，可以对远程相机属性进行设置、采集图片等，如图2-8所示。

图2-8　利用远程智能相机采集图像（这里用的是VBAI 3.6）

至此，选择网络运行目标讲解完毕。下面讲解其他4个。第二项"This Computer"是指运行目标在本机上，如1394相机、USB相机等。VBAI默认的也是这个选项，即采集图片时默认使用本机上的相机设备。采集的详细分析见下文。第三项"Smart Camera Emulator"是指智能相机仿真。第四项"Compact Vision System Emulator"是指紧凑型视觉系统仿真。第五项"Embedded Vision System Emulator"是指嵌入式视觉系统仿真。下面以第四项为例，进行简要说明。选择第四项"Compact Vision System Emulator"后，会出现图2-9所示界面，在右下角的

"Inspection Steps：Acquire" 中会出现 "Acquire Image（IEEE 1394）" "Simulate Acquisition" "Select Image" 等几个选项。其中，"Acquire Image（IEEE 1394）" 选项为从 1394 设备中采集图片，因为使用的是仿真系统，所以系统实际上还是从默认路径加载图片来仿真，与 "Simulate Acquisition" 基本上是一回事。"Select Image" 选项是指如果前面有许多个采集图片步骤，可以选择其中的一个用于图像分析。图 2 - 10 所示为选择 "Acquire Images" 时的界面。其他几个项目基本上是类似效果，这里就不做详细解说了。

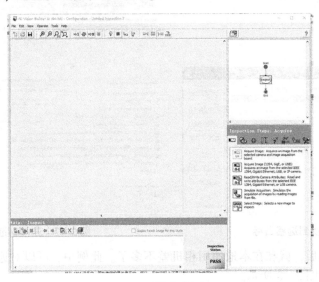

图 2 - 9　紧凑型仿真界面

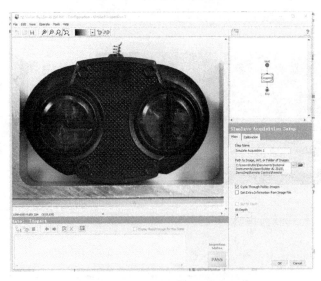

图 2 - 10　紧凑型仿真界面采集图像

2.2　界面

2.2.1　VBAI 配置界面基本组成

打开 VBAI，在欢迎界面中双击 "My Computer" 或者单击 "New Inspection"，配置一个新的检测，进入后的界面如图 2 - 11 所示。

图2-11所示界面主要分为4个区域：左上，为主视窗，包含图像预览区、菜单、快捷按钮等；右上，为检查状态图观察视窗，用于观察、配置检查状态，状态图与主视窗的切换开关，即时帮助开关；左下，为状态配置窗，包括使用步骤名与图标、快捷按钮、检查结果指示灯等；右下，为检查步骤选板，包含多种检查步骤Steps、函数等。

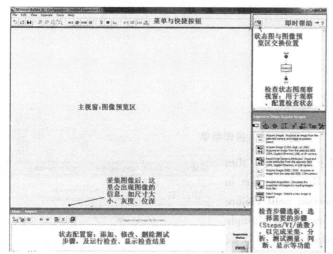 

图2-11　界面说明　　　　　　　　　　　　　　图2-12　文件菜单

2.2.2　VBAI菜单

下面先介绍图2-12所示的内容。

文件菜单从上到下依次是New（新建）、New from Template（从模板新建）、Open（打开）、Save（保存）、Save As（另存为）、Save As Template（另存为模板）、Save Image（保存图片）、Print Image（打印图片）、Print Inspection State Diagram（打印检查状态图）、Print Inspection Details（打印检查详细信息）、Inspection Properties（检查属性）、Switch to Inspection Interface（切换到检查界面）和Close（关闭）。此菜单中的命令主要用于VBAI脚本的保存、图片的保存、脚本的属性、切换界面等功能。

编辑菜单（见图2-13）从上到下依次为Edit Step（编辑步骤）、Cut（剪切）、Copy（复制）、Paste（粘贴）和Delete（删除）。该菜单中的命令主要用于控制检查步骤。

查看菜单（见图2-14）从上到下依次是Zoom In（放大）、Zoom Out（缩小）、Zoom 1:1（原始大小）、Zoom to Fit（适合视窗）、Toggle Main Window View（切换主视窗与状态图视窗）、View Inspection State Diagram（查看检查状态图）、View Complete Inspection Setup（查看完整检查设置）（包含setup、cleanup）和View Custom Inspection Interface（查看用户检查界面）。查看菜单主要用于图像视野的操作以及界面的切换查看等。

 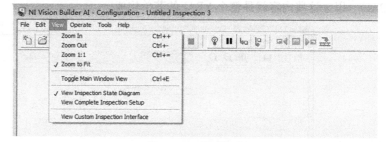

图2-13　编辑菜单　　　　　　　　　　　　　　图2-14　查看菜单

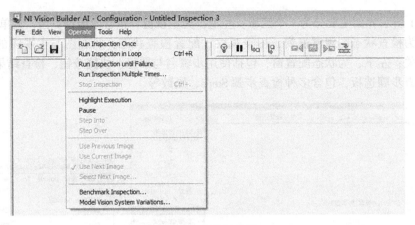

图 2-15 操作菜单

操作菜单（见图 2-15）有以下可用命令：Run Inspection Once（运行一次检查）、Run Inspection in Loop（循环运行检查）、Run Inspection until Failure（循环运行检查直到失败）、Run Inspection Multiple Times（多次运行检查）、Stop Inspection（停止检查）、Highlight Execution（高亮执行）、Pause（暂停）、Step Into 和 Step Over（单步）、Use Previous Image（使用上一张的图片）、Use Current Image（使用当前图片）、Use Next Image（使用下一张图片）、Select Next Image（选择下一张图片）、Benchmark Inspection（基准点检查）、Model Vision System

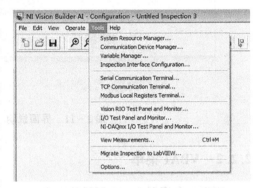

图 2-16 工具菜单

Variations（视觉系统模式变更）（可利用另外一个采集或加载图片代替现有的采集与加载图片）。操作菜单主要用于检查调试、验证以及图片缓存的使用等。

工具菜单（见图 2-16）可以针对 VBAI 中的许多参数进行管理，主要命令包括：System Resource Manager（系统资源管理）、Communication Device Manager（通信设备管理）、Variable Manager（变量管理）、Inspection Interface Configuration（检查界面配置）、Serial Communication Terminal（串口通信终端）、TCP Communication Terminal（TCP 通信终端）、Modbus Local Registers Terminal（MODBUS 本地寄存器终端）、Vision RIO Test Panel and Monitor（视觉 RIO 测试板与监视器）、I/O Test Panel and Monitor（I/O 测试板与监视器）、NI-DAQmx I/O Test Panel and Monitor（数据采集测试板与监视器）、View Measurements（查看测量）、Migrate Inspection to LabVIEW（迁移检查到 LabVIEW 中）（即生成 LabVIEW 代码）和 Options（选项）。工具菜单主要用于资源管理以及通信测试。如果想生成 LV 代码，在这里也可以实现。

帮助菜单（见图 2-17），提供 VBAI 相关的帮助：Show Context Help（显示上下文帮助）（即时帮助）、Online Help（在线帮助）、Patents（专利）和 About NI Vision Builder AI（关于 NI VBAI）。以上这些内容就是整个 VBAI 的菜单构成。

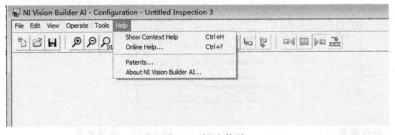

图 2-17 帮助菜单

2.2.3 VBAI 主视窗

主视窗（见图2-18）上部的快捷按钮从左到右分别代表文件菜单中的新建检查、打开检查、保存检查，查看菜单中的放大、缩小、原始大小、适合视窗，操作菜单中的运行一次检查、循环运行检查、循环运行检查直到失败、停止检查、高亮执行、暂停、单步、使用上一张图片、使用当前图片、使用下一张图片、选择下一张图片。在快捷按钮下面的一大片区域为图像显示区域。图像显示区域的左下脚有一排图像显示信息。图中显示的640×480表示图像的分辨率，0.89×表示图像的缩放系数（等于1时为原始大小，小于1时表示缩小，大于1时表示放大，边上的滚动条会出现），90表示了光标的灰度值［如果是彩色图像，则有（90，90，90）这样三组值，表示RGB三色的分量值］，（263，264）表示当前光标所在点在图像中的X、Y坐标。

图2-18　主视窗与快捷按钮

状态栏（见图2-19）上方是快捷按钮，分别是运行状态一次、连续运行状态、停止连续运行状态、倒退（步骤）、前进（步骤）、编辑步骤、删除步骤和步骤覆盖（如搜索线、结果等），"Display Result image for this State"复选按钮用于为此状态显示结果图像。下面一个大空白栏，是用于放置测试步骤的。右边一个大大的布尔指示灯"Inspection Status"是显示当前检查结果的。

图2-19　检查状态栏

2.2.4 VBAI 状态图视窗

状态图视窗（见图2-20）相对比较简单，左上角的按钮为状态图与主视窗的切换按钮，右上角的问号为即时帮助按钮，中间一大片区域为状态图显示栏。如果要编辑状态图，可以双击显示栏或单击左上角的切换按钮。

VBAI检查步骤主要由8个小步骤组成（见图2-21～图2-24），分别是采集图像、增强图像、定位特征、测量特征、存在性检查、识别零件、通信和使用附加功能组成。

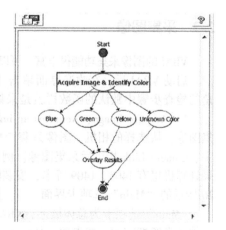

图2-20　状态图视窗

图 2-21　采集图像和增强图像　　　　　图 2-22　定位特征和测量特征

图 2-23　存在性检查和识别零件　　　　图 2-24　通信和使用附加功能

VBAI 的函数选板就是上面提到的这些内容。

2.3　采集图像

VBAI 的图像采集功能很丰富，可以从很多设备上采集图像，也可以导入图片作为处理的图像源。

启动 VBAI 后，在欢迎界面单击"Configure Inspection"按钮，进入检查配置界面，在右下角的检查步骤中默认的函数栏就是采集图像，如图 2-25 所示。

1）Acquire Image：Acquires an image from the selected camera and image acquisition board. 采集图像：从选择的相机、图像采集卡中采集图像。用于配置连接到 NI 采集卡的模拟、并行数字、Camera Link 相机后采集图像。例如，用 1405、1409 图像采集卡外加如 TELI 模拟相机，如果计算机里有 1405、1409 等卡，安装驱动后，此项将会点亮变成可用。单击后，可以看到图 2-26 所示的"Main"选项卡界面。

"Main"选项卡为总体概述，VBAI 中所有添加的步骤都有这个选项，包含了诸如步骤名及其他各自所拥有的一些参数，如设备、坐标系等。在此处包含了设备名，图中有 1405、1409 等 NI 的图像采集卡。采集模式：立即或等待下一张幅图像。按以下步骤完成图像采集。

第一步：输入步骤名。

第二步：选择采集卡及通道。

第三步：选择采集模式。

第四步：单击 ▶ 按钮，采集单幅图；单击 ▶ 按钮，连续采集。

第五步：采集到图片后，单击"确定"按钮后，即可将当前采集的图片用于后面的图像处理。

 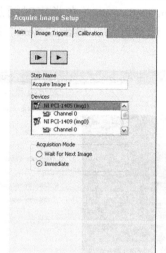 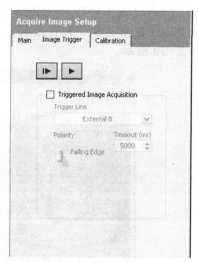

图2-25 采集图像　　　图2-26 "Main"选项卡　　　图2-27 "Image Trigger"选项卡

如图2-27所示，利用此选项，可使用板卡的触发线进行触发采集。有些相机本身不带触发信号，但是如果为了达到触发要求，就必须使用板卡上的触发。板卡上的触发与相机自身的触发位置不同，但完成的功能都是一样的，即经外部触发源给出触发信号，进行拍照取图，供后面图像分析使用。

将"Triggered Image Acquisition"复选框选中，选择对应触发线路（1405只有一路触发，因此这里只有一个External0），设置极性（上升沿触发或下降沿触发），设置超时时间，单击采集按钮即可进行触发采集。如果在超时周期内有触发信号到，那么将触发采集卡采集一幅图像，如果没有触发信号到达，那么将引起超时，如图2-28所示。

图2-29所示为标定（Calibration）选项卡，本质工作就是将图像系统中的像素坐标系转换成现实中的真实坐标系，从而将抽象的像素单位转换成常用的毫米、厘米、米等单位。高级的标定还会牵扯到畸变的计算，如梯形、桶形、枕形等。如果按照实际图像等比标定，一个同样的目标，在视野中的尺寸与边缘的尺寸会相差很大。

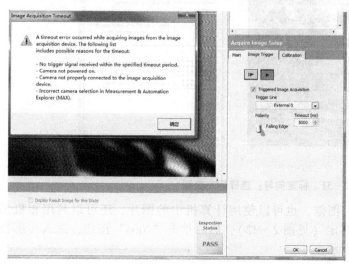

图2-28 触发采集超时　　　　　　　　　　　　图2-29 标定

　　如果系统以前没有标定过，那么"Calibrate Image"选项组是不可用的。这时需要单击下面的"Create Calibration"按钮（如果没有采集到图片，此按钮是禁用的，需要采集图片后才可用），打开标定向导进行标定。

　　在通用信息中，需要输入标定名、运算名，选择标定有限期，可供选择的有 Calibration never expires（永不过期）、Calibration expires on（在指定时间过期）、Calibration expires in some days（在指定多少天后过期）。选择好后，单击"Next"按钮，进入选择标定类型，如图 2-30 所示。

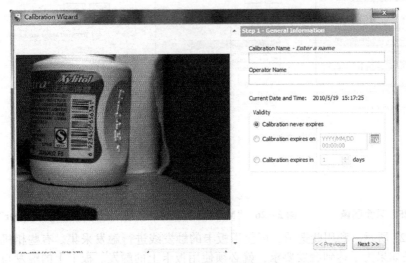

图 2-30　标定向导：通用信息

　　如图 2-31 所示，标定类型可用的有：简单标定（Simple Calibration），即长、宽按照一定的比例将像素换算成需要的单位，如 mm 等，长宽比可以相同，也可以不同；用户点标定（User-Points Calibration），即用户指定 4 个点的实际坐标值，从而建立坐标系；利用标定板进行标定（Grid Calibration）。这里选择"Simple Calibration"，单击"Next"按钮，进入选择标定图像源界面。

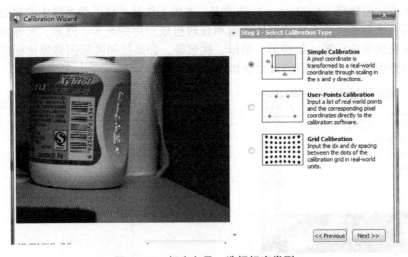

图 2-31　标定向导：选择标定类型

　　图像源可以使用当前采集到的图像，也可以使用计算机中的图片，还可以利用相机采集图像。这里利用当前图像进行标定（见图 2-32），然后单击"Next"按钮，进入传感器像素类型选择界面，如图 2-33 所示。

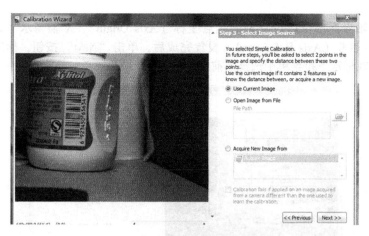

图2-32 标定向导：选择图像源

通常的传感器素子是正方形（Square）的，但也有非正方形（Non-Square）的，这里选择正方形。选择正方形时只需要指定两点之间的距离即可得到标定坐标系。如果不是正方形的，那么需要分别指定长、宽方向的当量，再建立坐标系。单击"Next"按钮，进入指定像素比率（当量）界面，如图2-34所示。

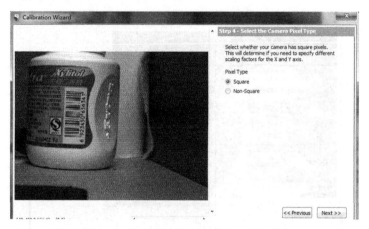

图2-33 标定向导：选择传感器像素类型

在这个界面中，需要在图像中指定任意两个点，然后向导会自动计算出两个点之间的像素距离，再输入这两个点之间的真实距离，并指定单位，这时就会在图像中建立一个坐标系，如图2-34中左上角边缘的红色刻度。单击"Next"按钮，进入设置标定轴界面，如图2-35所示。

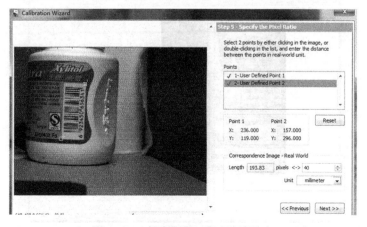

图2-34 标定向导：指定像素比率

在设置标定轴界面中可以设置轴的起点坐标（Axis Origin）、X 轴与水平方向的夹角（X Axis Angle）及轴参考（Axis Reference）。设置完成后，单击"Next"按钮，标定完成。返回标定界面后，可以在标定下拉菜单中选择当前的标定。

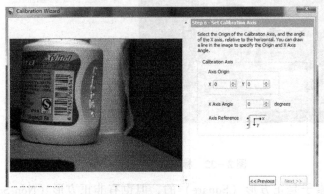

图 2－35　标定向导：设置标定轴

图 2－36 中，选择了建立的一个标定（在标定参考中将坐标系翻转了），可以看到标定后图像与采集图像已沿 X 轴镜像。

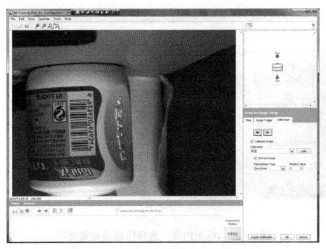

图 2－36　选择标定并标定当前图像

在图 2－37 中选择了另一个用户点标定，用户指定点的实际值不同，标定后的图像效果也不一样。

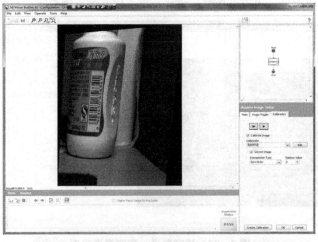

图 2－37　选择标定并标定当前图像－用户点标定

2）Acquire Image（1394，GigE，or USB）：Acquires an image from the selected IEEE 1394，Gigabit Ethernet，USB，or IP camera. 采集图像（1394，GigE，或 USB）：从选择的 IEEE 1394、千兆网或 USB 相机中采集一幅图像。可以从 1394 相机、千兆以太网相机以及 USB 相机中采集图像。根据以往的经验，国外的 Basler、ImageSource、Smartek，国内的大恒相机都可以通过此选项进行图像采集。

如图 2-38 所示，从 1394、GigE、USB 相机中采集图像比从板上采集多了一个绿色的循环箭头按钮，如果有新接入的设备，可以通过此按钮进行刷新，查找新设备。"Main"选项卡中包含了步骤名、设备名、视频模式（主要包含视频大小、模式、格式等）、采集模式等。图中选择大恒（DAHENG）的 HV1300FM 1394 黑白相机，单击上方的连续采集按钮，采集图像，如图 2-39 所示。

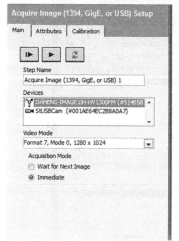

图 2-38 选择 1394、GigE、USB 相机

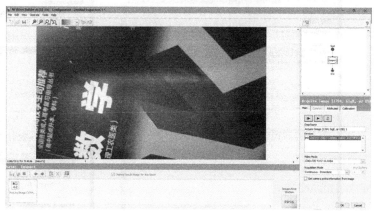

图 2-39 连续采集图像

采集到图像后，单击"OK"按钮，可以将当前的图像传递到后续的图像分析与处理步骤中。

"Attributes"选项卡，可以对相机的属性进行设置（见图 2-40），各家相机固件不同，可供设置的参数也不一样。例如，大恒的这款相机，这里仅可设置触发，而对于如曝光时间（快门速度）、亮度、增益和速度等均无法调节。

"Calibration"选项卡与板卡采集图像中的标定相同，这里就不多说了。

3）Read/Write Camera Attributes：Read and write attributes from the selected IEEE 1394，Gigabit Ethernet，or USB camera. 针对 1394 相机、千兆以太网相机、IP 相机或直接显示兼容 USB 相机进行读写相机属性。利用此函数，可以针对相机属性进行操作，并且通过 Grab 实时查看属性更改后的采集图片效果，如图 2-41 所示。

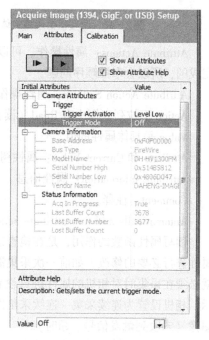

图 2-40 采集图像-设置属性

Step Name：步骤名。

Devices：设备清单（可通过右边蓝色循环箭头刷新设备）。

Cancel write action if attribute value the same：当属性值相同时，取消写操作。

Cancel remaining attribute actions after first failure：当第一个属性失败时，取消剩余的属性操作。

注意：此步骤可以预览图像，单击"Grab"按钮后即会预览采集图像，以观察属性设置的合理性，但是在 VBAI 的状态中并不实时采集图像。

Acquisition Option：采集操作，分为在应用属性操作之前不停止采集、在应用属性操作之前停止采集、在应用属性操作之前停止并且不配置采集，如图 2-42 所示。

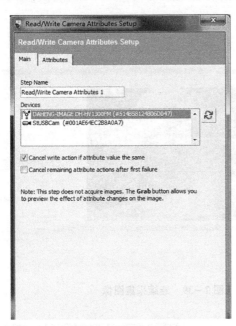 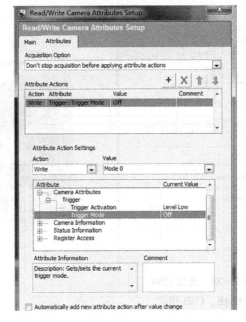

图 2-41　读写相机属性主体　　　　图 2-42　设置相机属性的"属性"选项卡

Attribute Actions：属性操作，可以添加、删除、移位需要操作的属性。属性操作是按数组来完成的，所以会牵扯顺序问题。

Attribute Action Settings：属性操作设置。

Action 下拉列表框中有 Read（读）、Write（写）和 Wait（等待）可供选择。

Value 是具体属性的值。

Attribute 和 Current Value：属性树与属性当前的值。

Attribute Information：属性信息。

Comment：注释。

Automatically add new attribute action after value change：在值改变后自动添加新的属性操作。

读写属性函数的作用，是在检查需要多次采集图像并且采集图像所用的属性不一致时，对属性进行必要的修改，如前一次采集需要 10ms 的曝光时间，后一次采集需要 2ms 曝光时间，这就必须在采集时对相机的属性进行设置，以达到采集理想图像的目的。功能演示如图 2-43 所示，相机设置为连续采集→连续采集图像→分析图像（二值化）→设置为触发采集→触发采集图像（未收到触发信号、超时）。

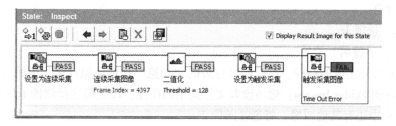

图2-43 读取相机属性实际操作

4）Acquire Image（IEEE 1394）：Acquires an image from the selected IEEE 1394 camera.

VBAI Help：Configures an acquisition from an IEEE 1394 camera. Refer to Acquire Image（IEEE 1394）Concepts for related information. 从1394相机中采集图像。这个函数需要传统IMAQ驱动的支持，并且这个驱动是独立安装包，需要额外花费购买才可使用，是专门针对1394相机进行编写的驱动。由于此处没有对应的驱动，就不加以详细解说了。其用法与函数Acquire Image（1394，GigE，or USB）类似，如图2-44所示。

图2-44 IMAQ传统1394采集

5）Simulate Acquisition：Simulates the acquisition of images by reading images from file. 读取图片进行仿真采集，然后进行图像分析处理。该功能对于入门学习者非常实用，不需要花大成本购买相机、镜头、光源等硬件，即可学习VBAI。单击此函数后，出现图2-45所示的仿真界面。

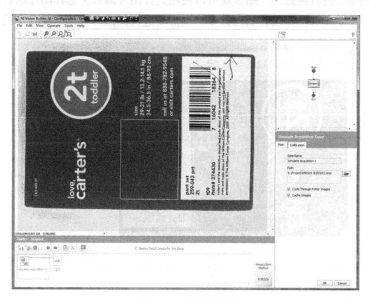

图2-45 仿真界面

函数解释如下。

① "Main"选项卡。

Step Name：步骤名。

Path：需要打开图像的路径，可以通过右边的"浏览"按钮浏览计算机中的图像。

Cycle Through Folder Images：循环读取文件夹中的图像，即当前选择图像 1 后，再执行一次时，如果文件夹中还有其他图像，将选择图像 2……

Cache Images：存储图像，如果勾选，则将当前文件夹中的所有图像加载到内存中；如果不勾选，则每次执行检查时另行加载图像。

② "Calibration"选项卡。

同前面讲的标定，此处不再叙述。

OK 按钮：确定。

Cancel 按钮：取消。

注意：选择图像后，可以单击菜单栏下的快捷按钮 进行顺序控制，假设文件夹中图像名按 1、2、3、…这样的序列排列，第一个按钮为逆序使用图像，即如果当前为图像 2，那么一次执行检查，使用图像 1；第二个按钮为使用当前图像，即不更换图像，一直使用当前选择的图像；第三个按钮为顺序使用图像，如当前使用图像 1，则下次使用图像 2；第四个按钮为手动选择文件夹中的图像。

6）Select Image：Selects a new image to inspect.

VBAI 帮助：Switches to a previously acquired image for processing. Refer to Select Image Concepts for related information.

选择图像：选择一幅图像用于检查。切换前面采集一幅图像用于处理。即当前面采集了 N（$N \geqslant 2$）幅图像时，可以添加这个函数，选择前面任何一个步骤产生的图像（是任何一个步骤，并不仅仅只限于采集函数，也可以选择处理后的图像），用于后面的检查，如图 2-46～图 2-48 所示。

由图 2-46～图 2-48 可知，采集图像 1 经处理后与采集图像 2 经处理后的图像源是不一样的，这时如果需要对图像 1 进行再处理，那么就可以使用选择图片函数。选择图片函数是一套图像缓存系统，将历史上的步骤所有图像缓存到内存中，当需要进行调用时再读取缓存中的图像。

图 2-46　采集图像 1

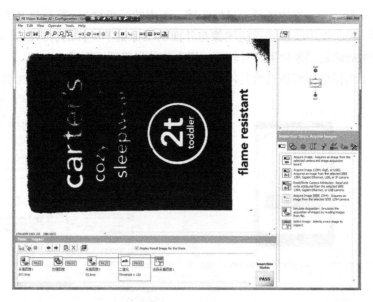

图2-47 采集图像2

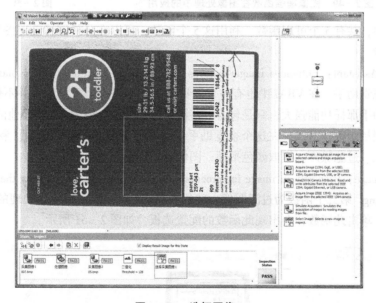

图2-48 选择图像1

至此，VBAI图像采集讲解完毕。

2.4 图像增强

很多时候采集到的图像并不理想，含有许多噪声、非目标区域、杂点、不完整等，面对这种情况，进行图像处理时，如果不对原始图像进行增强处理，那么对测量结果的精度会产生一些影响，如寻找边缘，如果需要拟合成线的点很离散，那么拟合出来的线条很可能会"漂"得很厉害。因此，许多情况下，需要对原始图像进行增强，以达到更加理想的效果，如图2-49所示。

在图2-49中应用了一个简单的例子，寻找一条边缘。采集图像后，对原始图像创建了一个 ROI（Region of Interest，兴趣区域、目标区域，图中的绿色框），并对此 ROI 进行滤波处理。从图中可以看到，绿色框中经过处理的图像与外面的图像是不一样的，这就是图像增强后的效果。当然，例子中的原始图像效果相对较好，增强的效果显现不明显。

下面来看一下图像增强函数选板具体的函数及其使用方法，如图 2-50 所示。

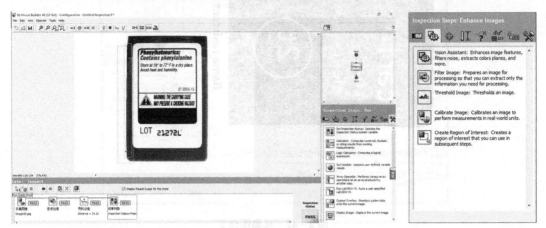

图 2-49　图像增强函数在图像处理中的应用　　　　图 2-50　图像增强选板

增强图像中，共有 5 个可用函数。利用这 5 个函数，可以在分析图像前对图像进行预处理，以提高图像质量。

1）Vision Assistant：Enhances image features，filters noise，extracts colors planes，and more. 第一个函数为视觉助手。在 VBAI 中也有一个视觉助手，不过这个视觉助手并不像 NI 视觉开发模块中的视觉助手那样功能强大，只是包含一些图像增强功能。因为 VBAI 其他的函数选板中含有大量的分析测量函数，所以，在这个视觉助手中并没有分析测量类的函数。利用视觉助手可以增强图像特征、过滤噪声、提取颜色平面、图像计算和形态学处理等。

2）Filter Image：Prepares an image for processing so that you can extract only the information you need for processing. 第二个函数为过滤图像：准备一幅图像，提取需要用于处理的信息为后面的图像处理服务。单击此函数，会出现此函数的配置选板，如图 2-51 所示。

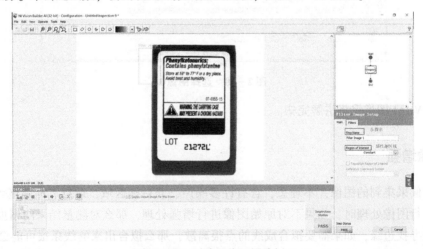

图 2-51　过滤图像配置选板

从图 2-51 中可以看到，当配置函数时，状态栏为灰色禁用状态，即在配置函数时，状态、运行等都是不可用的。在右下角可以看到配置选板的主体选项卡，如图 2-52 所示。

在配置主体中，需要输入步骤名（Step Name）、选择目标区域（Region of Interest）、是否改变 ROI 的位置（Reposition Region of Interest）和选择参照坐标系（Reference Coordinate System）等。

Step Name：是当前步的名称，值得注意的是，步骤名不能以空格开始，即名称前不允许出现空格。

ROI：目标区域，该下拉列表框有两个选项，一个是 Constant（常量），另一个是 Full Image（整幅图），可以选择整幅图，那样就不需要再画 ROI，而如果选择常量，则需要手动画 ROI。可以利用菜单下面的快捷工具栏，选择合适的工具来画 ROI，如图 2 -53 所示。

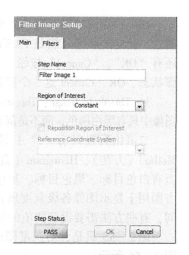

图 2 - 52 过滤图像 - 主体

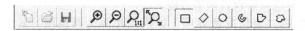

图 2 - 53 ROI 工具

ROI 工具栏随着选择函数的不同出现的工具也会有所不同。在此处出现了矩形工具、旋转矩形工具、椭圆、环形、多边形和徒手。另外，可以利用放大、缩小、原始尺寸、适合屏幕等缩放工具来查看图像，使我们能更好地把握如何设置 ROI。

Reposition Region of Interest：改变 ROI 的位置，勾选后，在后面的图像分析处理过程中，可以根据坐标系改变 ROI 的位置。

Reference Coordinate System：参考坐标系。如果没选中改变 ROI 位置，而 ROI 以当前坐标系为参照，即以图像左上角为原点，从左到右为 X 轴，从上到下为 Y 轴。此功能必须在前面的步骤中已经建立了坐标系后才可使用，关于坐标系的建立，将在后面的定位特征内容介绍。

在图 2 - 54 中，可用的滤波器类型很多。Original Image 为原始图像；Smoothing 为平滑型滤波器，包括 Low Pass（低通）、Local Average（局部平均）、Gaussian（高斯）、Median（中值）；Edge Detection 为边缘检测型滤波器，包含 Laplacian（拉普拉斯）、Differentiation（微分）、Prewitt、Sobel、Roberts 滤波器；Convolution 为卷积型滤波器，包含 Highlight Details（高亮细节）、Custom（自定义滤波器）。滤波器会有滤波器尺寸（Filter Size）、内核尺寸（Kernel Size）、内核（Kernel，又叫作掩模、算子、模板等）3 个可能出现的参数，视各滤波器不同而不同。如何设计算子这里就不详细介绍了，如有兴趣，可参看一些有关图像处理的书籍。从图 2 - 54 中可以看到，当选择高亮细节滤波器、内核大小为 7 时，文字部分白色与背景黑色的对比度明显比周围未经过滤波的地方要强。这就是滤波的好处，可以将特征突显出来，从而更容易地查找、测量、计算出特征。

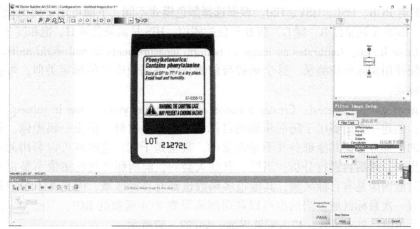

图 2 - 54 过滤图像 - 滤波器选择

在配置面板的底部有一个 Step Status 指示灯，表示当前步骤用设置的参数来检查图像是否通过，此处的状态只能是 PASS（通过），在后面一些测量函数中会出现 FAIL（失败）。另外，还有 "OK"，"Cancel" 按钮。"OK" 按钮为确定当前设置，"Cancel" 按钮为放弃当前设置。步骤状态、OK、Cancel 这 3 个控件在后面的函数讲解中基本上都是会出现的。

3）Threshold Image：Thresholds an image. 二值化图像（阈值图像），对图像进行二值化处理。即图像中只有黑白两色，而不是灰度图或彩色图。单击此函数进入二值化配置界面，如图 2-55 所示。

二值化配置只有一个主界面，包含 Step Name（步骤名）、Look For（寻找目标类型）、Method（方法）、Histogram（直方图）及 Lower Value（阈值设定）等部分。其中，寻找目标类型有白色目标、黑色目标、灰色目标可供选择；方法有手动阈值、自动阈值、局部阈值等；直方图用于显示图像各级灰度所占的比例；阈值设定 Lower Value 与 Lower Limit 视方法不同而不同，有些方法需要设置阈值的值，有些需要设置阈值界限。

图 2-55 只是针对灰度图产生的二值化配置界面，如果图片源为彩色图，其配置界面如图 2-56 所示。

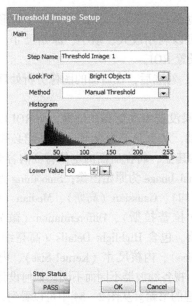

图 2-55　二值化配置

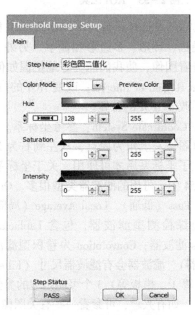

图 2-56　彩色图像二值化

彩色图像二值化中有一个颜色模式（Color Mode）、预览颜色（Preview Color）、阈值设置。颜色模式可选的有 RGB、HSL、HSV、HSI。根据选择颜色模式不同，下面可用于阈值设置的参数也不同。例如，RGB 是调整红 R、绿 G、蓝 B 三色的阈值，HIS 是调整色调 H、饱和度 S、强度 I 等。

4）Calibrate Image：Calibrates an image to perform measurements in real-world units. 标定图像：标定图像以便使用实际单位测量。这个函数与前面在采集图像中讲的标定类似，可参考采集图像中讲述的标定。

5）Create Region of Interest：Creates a region of interest that you can use in subsequent steps. 创建目标区域：创建一个能够用于随后步骤的目标区域。很多时候，拍摄一幅图像，目标区域其实是很有限的一部分，而其他部分并不是需要的，甚至是干扰，这时就可以利用此函数，将目标区域提取出来，然后再进行分析。当然，有些人会问，前面那个过滤图像不是也有目标区域吗？是的，过滤图像是有目标区域，其他很多函数也都有目标区域，但是并不希望每添加一个函数都要设置一次目标区域。当然也可以调用前面设置 ROI 函数的 ROI，但是为了统一，可以首先建立一个 ROI。单击函数，进入配置界面，如图 2-57 所示。

主体中的内容，在前面都已经介绍过，分别是步骤名、参照坐标系改变目标区域，这里就不多讲了。下面介绍 Coordinates 坐标选项卡，如图 2 – 58 所示。

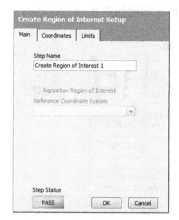

图 2 – 57   创建 ROI   图 2 – 58   创建目标区域 – 坐标设置

ROI Type：目标区域类型。可以选择点、线、矩形（左上/右下）、矩形（中心）、椭圆、旋转矩形和环形。

参数：根据选择目标区域类型不同，可供设置的参数也不一样，可能出现的参数有左、上、右、下、角度、点（X、Y）等。

图像增强部分基础讲述完毕，下章讲解 VBAI 中的视觉助手。

2.5　视觉助手

NI 软件中许多工具包（如 DAQ、运动、视觉等）都有相应的助手，以方便用户使用。因为使用这些软件的人并不一定是这个领域的专业人士，因此 NI 针对不同的工具包，特意设计了相应的助手，用于快速学习、演示、设计测试测量功能。视觉中也有相应的视觉助手，VDM 中有视觉助手，VBAI 中也有视觉助手，两者功能大体相同，只是略有差别（VDM 中的视觉助手功能要强些）。本节将为大家解说 VBAI 中的视觉助手。

如图 2 – 59 所示，视觉助手在增强图像选板中是第二个。单击此函数，将出现视觉助手主体，如图 2 – 60 所示。

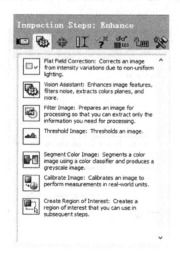

图 2 – 59   视觉助手在函数选板中的位置   图 2 – 60   视觉助手主体

在主体中，同样有步骤名、ROI、改变 ROI 位置，这些在前面都已经介绍过了，这里不多介绍。另外，还有一个图像处理步骤，这里显示用视觉助手处理过的所有步骤。刚进来时，没有步骤，单击 Edit 菜单，打开视觉助手，进行步骤编辑。VBAI 视觉助手界面如图 2 - 61 所示。

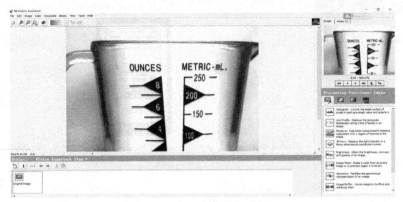

图 2 - 61　VBAI 视觉助手界面

是否有熟悉的感觉？视觉助手界面和 VBAI 的界面基本上差不多。顶部是菜单与快捷按钮，左上是图像预览、图像信息等，左下是脚本，包含所有的视觉助手步骤，右上是原始图预览及其他帮助信息，右下是处理函数，共有 4 个选板，从左到右分别是 Image（图像）、Color（彩色图）、Grayscale（灰度选板）和 Binary（二值图像选板）。这些函数选板的函数，在菜单中也可找到，接下来就逐一进行介绍。

2.5.1　图像选板

图像选板如图 2 - 62 所示。其中包含 Histogram（直方图）、Line Profile（线剖面图）、Measure（测量）、3D View（3D 视图）、Brightness（亮度）、Image Mask（图像屏蔽）、Geometry（几何学）、Image Buffer（图像缓存）和 Get Image（获取图像）等。

1. Histogram（直方图）

计算每个灰度值的像素个数并且将它们用直方图表示出来。单击此函数后，出现图 2 - 63 所示的直方图配置界面。在配置界面里可以设置绘图模式为线性或对数，另外可以得到如最小值、最大值、平均值、标准偏差和像素总数等信息，还可以将直方图导出到 Excel 中或者保存为本地文本文件等。

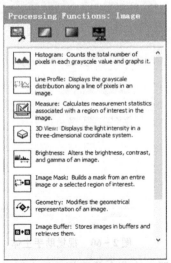

图 2 - 62　图像选板

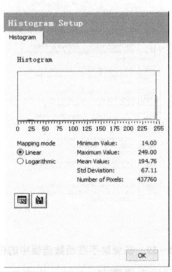

图 2 - 63　直方图配置界面

直方图函数是针对整幅图像而言的，不能设置 ROI。其功能仅仅是提供给用户关于灰度级分布与直观的数量统计，因此当单击"OK"按钮时，其并不生成检查步骤。

2. Line Profile（线剖面图）

显示图像中的一条线上的像素点对应的灰度值。其信息与第一个函数直方图基本类似，有绘图模式、最小值、最大值、平均值、标准偏差和像素数等，也可以导出数据为 Excel 文件和 TXT 型文件等。

图像中的线可用 ROI 工具进行选择，可用的 ROI 工具有直线、折线、手绘线。当然画完一条线的同时，按住 Ctrl 键不放，另外再画一条或更多条线。在线剖面图中会按画线的先后顺序将所有点的灰度反映到剖面图中。如果导出数据也会发现，将所有的点按照先后顺序导出为（X 坐标，Y 坐标，灰度值）二维数组。此函数同样只能检查图像的质量，并不能当作步骤在检查中使用。其实际效果如图 2-64 所示。

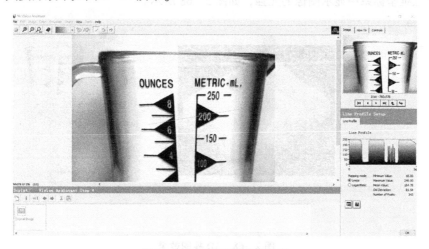

图 2-64　线剖面图实际效果

3. Measure（测量）

计算、测量、统计关于图像中的一个 ROI。单击此函数后，其界面如图 2-65 所示。

其中，右下角的"Measure"选项卡中有一个"Measurement"列表框，用于选择测量方式，可供选择的项有点、线、角度和面积。在左下角为选择的测量方式对应的结果，分别如图 2-66 和图 2-67 所示。

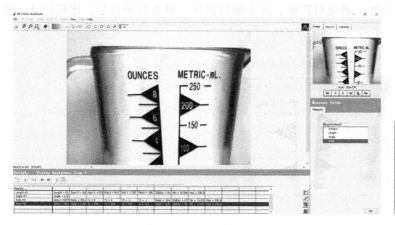

图 2-65　测量界面

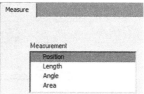

图 2-66　测量方式

Results ...									
Position #1	X Pos. = 605	Y Pos. = 330	Lev. = 235.0						
Length #2	Length = 272	Start X = 344	Start Y = 310	End X = 617	End Y = 311	Mean = 191.	StdDev = 86.	Min = 19.000	Max = 249.00
Angle #3	Angle = 359.								
Area #4	Area = 4337	Ratio = 100.0	X1 = 0	Y1 = 0	X2 = -1	Y2 = -1	Mean = 194.	StdDev = 67.	Min = 14.000	Max = 249.00

图 2 - 67　测量结果

在图 2 - 67 中，左边是一张表格，用于显示测量结果，测量时可使用不同的测量方式测量不同的点，这些结果将全部显示在结果栏中。在表格的右边，有一列数据筛选、导出的工具，从上到下分别为删除选择行、删除所有、导出为 Excel、保存为文本。此函数同样只是验证工具，并不参与检查过程。

4. 3D View（3D 视图）

在一个三维坐标系中显示图像的光强，如图 2 - 68 所示。

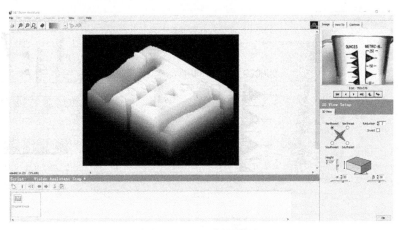

图 2 - 68　3D 视图效果

在图 2 - 68 中，右下角的 "3D View" 选项卡里有方向、压缩、翻转、高度和角度等可用选项，用于调整合适的角度与位置，来查看图像的 3D 视图。此 3D 视图是关于灰度的视图。此函数仅供验证效果用，不参与检查步骤。

5. Brightness（亮度）

该函数用于改变图像的亮度、对比度和伽马值。此函数是可以用到实际检查步骤中的，用于改善图像的质量，如改变亮度、增强对比度、改变伽马值等。单击此函数后，出现图 2 - 69 所示的亮度调节选项卡。

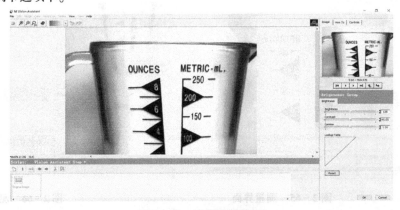

图 2 - 69　亮度配置界面

图2-69中右下角的亮度配置中可以改变亮度、对比度、伽马值。另外，还有查找表与复位按钮。图2-69中将对比度从45提高到65，其效果与原始图像明显不同——左上角经过改善的图像的对比度比右上角的原始图像要好很多，黑的更黑，白的更白。

6. Image Mask（图像屏蔽）

从整个图像或选择的ROI中创建一个屏蔽。Mask可以理解成为屏蔽、掩模、面罩等，就是使用一个屏蔽层屏蔽掉图像中不需要的部分，只留下感兴趣的部分，本书使用屏蔽加以解释。单击函数后，函数界面如图2-70所示。

在图2-71中，使用了ROI工具，设置了一个ROI，那些蓝色半透明的图像是被屏蔽掉的，而中间没有蓝色背景的则是保留下来的感兴趣区域。可以再详细看一下"Mask"选项卡，如图2-71所示。

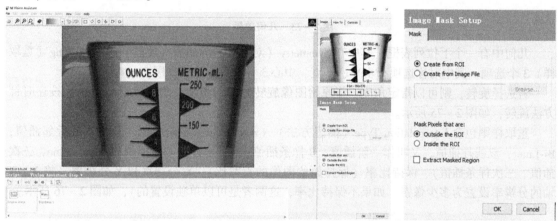

图2-70　图像屏蔽界面　　　　　　　　　图2-71　屏蔽配置

在屏蔽配置选项卡中，分为两个区域，上面区域为创建Mask方式，可以创建一个新ROI，下面区域为屏蔽哪里的像素（可单选ROI外面、ROI里面）、抽出屏蔽的区域（仅当屏蔽ROI外面的像素时有效，当屏蔽ROI里面的像素时，依然抽出了外面的像素，而里面的灰度将全部变为0）。图2-72所示为创建ROI为屏蔽，并屏蔽ROI外面的像素，抽出这些像素，留下的图像即为感兴趣的区域。

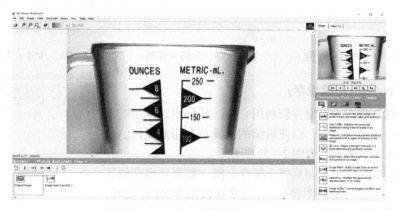

图2-72　屏蔽抽出

7. Geometry（几何）

该函数用于修改图像的几何表示法，如图2-73所示。

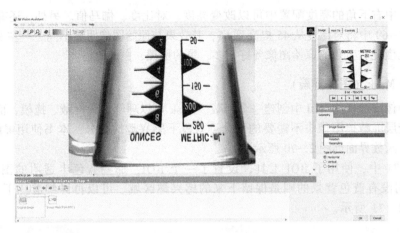

图 2-73 几何效果

几何中有一个下拉列表框，其中有 Symmetry（对称）、Rotation（旋转）、Resampling（重取样）3 个选项。其中对称选项有水平、垂直、中心 3 种对称方法，如图 2-74 所示。

若选择旋转，则可以指定角度，将原始图像旋转一定的角度。角度值不小于 0°，按逆时针方法旋转，如图 2-75 所示。

重取样则包含 Interpolation Type（插值方法）（zero order，零阶插值，又叫作最近邻插值；Bi-Liner，双线性插值，又叫作一阶插值、B 样条插值；Quadratic，二次插值；cubic spline，三次插值、三次样条插值）、保持比率（保持原始图像的长宽比）、X 分辨率和 Y 分辨率（将 X、Y 轴的分辨率设置为多少像素，如果不保持比率，这两者是可以单独设置的），如图 2-76 所示。

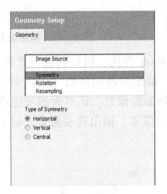
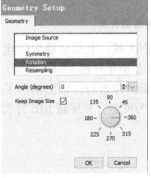
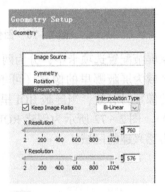

图 2-74　几何-对称　　　　图 2-75　几何-旋转　　　　图 2-76　几何-重取样

8. Image Buffer（图像缓存）

将图像存储到缓存中以便重新利用它们。其作用是将当前的图像复制到一个图像缓存中，以便后续的步骤再利用此图像。单击函数后，进入配置界面，如图 2-77 所示。

可以选择需要将图像复制到哪个缓存空间（如果已经存储了图像的空间，是不能再复制图像的）。通常在使用 VDM 开发时，经常要牵涉图像复制与缓存的问题，因此图像缓存是一个需要重点把握的函数。很多时候，往往因图像缓存调用不正确，使图像处理结果不正确。

图 2-77　图像缓存配置界面

9. Get Image（获取图像）

从文件中打开一幅新的图像用于后续的步骤，效果如图 2-78 所示。选择一幅新的图像后，将可以利用新的图像进行后续处理，而右上角的原始图像依然存在于系统中，也可以用于后续的处理。

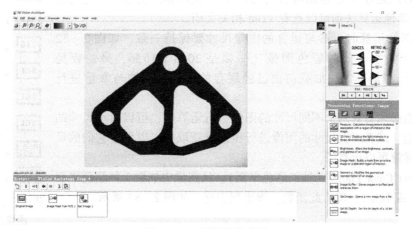

图 2-78　获取图像效果

2.5.2　彩色选板

彩色选板中共有 3 个函数，即 Color Operators（彩色运算）、Extract Color Planes（抽取彩色平面）、Color Threshold（彩色阈值），下面逐一介绍。

1）Color Operators（彩色运算）。在图像上执行算术和逻辑运算。如图 2-79 所示，将两幅图像进行加法运算，其作用是对两幅图像各像素点进行加计算，最大值取 255（彩色图像对应 RGB，灰度图对应灰度级，二值化力只有 0、1 两个值）。

图 2-80 中的实例，检查状态为原始图像（如右上角所示）→图像缓存→获取图像（得到另一幅图像，如图中预览区所示，有 NG 标签）→运算（加法）。单击"加法"时，默认使用的是与常量 0（即黑色）相加，这样不会改变图像效果。可以让图像添加 0~255 的任一一个常量，当然相加后的最大值如果超出 255，将会被强制转换成 255；如果前面有图像缓存，那么还可以与图像相加，如图 2-80 所示。

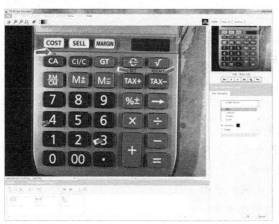

图 2-79　运算-加法

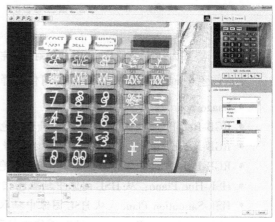

图 2-80　图像相加

图像与图像运算时，对于不同类型的图像，各运算方法的要求也不一样，如加法的运算类型有以下规则。

图 2-81 所示的规则在 VDM 的帮助文档中可以查看到，第一个等式的意思是无符号 8 位图与无符号 8 位图相加还是无符号 8 位图，最后一个等式的意思是彩色无符号 32 位图与彩色无符号 32 位图相加仍然是彩色无符号 32 位图。其他运算法则可以查看 VDM 相关文档。

图像与图像运算时，参与运算的图像尺寸要保持一致。如图 2-82 所示，若两个大小不同的彩色图像（一幅是 2048×1536，另一幅是 1600×1200）相加，无法加载前面已经缓存的图像，只能与常量进行运算。

但是，当必须要对两个不同尺寸的图像进行运算时，可以对小尺寸的图像进行扩边，或者对大尺寸的图像进行压缩重新取样，以便使它们的尺寸相同，这样就可以运算了。

2）Extract Color Planes（抽取彩色平面）。从图像中抽取 3 种颜色平面（RGB、HSV 或 HSL）。单击此函数，弹出列表框，如图 2-83 所示。

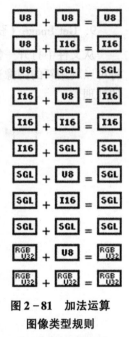

图 2-81 加法运算
图像类型规则

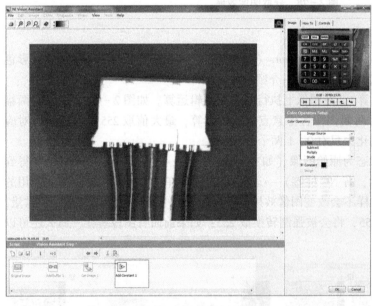

图 2-82 不同尺寸图像相加则无法完成

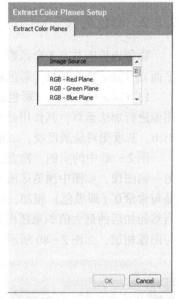

图 2-83 抽取颜色平面

抽取颜色平面列表框中有以下项目可供选择。

- Image Source：原始输入图像。
- RGB-Red Plane：从 RGB 图像中抽取红色平面。
- RGB-Green Plane：从 RGB 图像中抽取绿色平面。
- RGB-Blue Plane：从 RGB 图像中抽取蓝色平面。
- HSL-Hue Plane：从 HSL 图像中抽取色相（色调）平面。
- HSL-Saturation Plane：从 HSL 图像中抽取饱和度平面。
- HSL-Luminance Plane：从 HSL 图像中抽取亮度平面。
- HSV-Value Plane：从 HSV 图像中抽取值平面。
- HSI-Intensity Plane：从 HSI 图像中抽取强度平面。

这个函数的作用是将彩色图像转换成灰度图像。很多时候，相机是彩色的，但更希望得到一幅灰度图像，或者处理函数只能接受灰度图像。这时就需要使用这个函数将彩色图像转换成灰度图像。RGB、HSL、HSV、HSI 颜色空间可以参考相关的资料了解其定义。

图 2-84 演示了从彩色图像中抽取 HSV 颜色空间的值平面后得到的灰度图。

3）Color Threshold（彩色阈值）。对彩色图像的 3 个平面应用阈值处理，并将结果放置到一幅 8 位的图像中。单击函数，进入配置界面，如图 2-85 所示。

Color Model：颜色空间模式，有 RGB、HSL、HSV、HSI 等。

Preview Color：预览颜色。

Red/Hue：红色、色调。

Green/ Saturation：绿色、饱和度。

Blue/ Luminance/ Value/ Intensity：蓝色、亮度、值、强度。

Histogram：直方图。可选线性与对数。

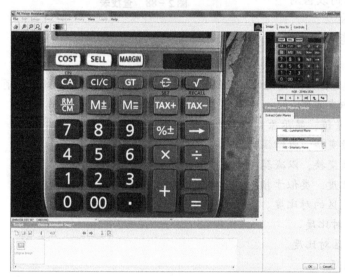

图 2-84 抽取 HSV 颜色空间的值平面

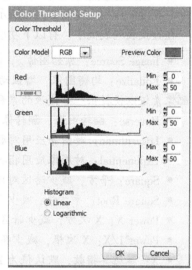

图 2-85 颜色阈值配置界面

通过 Red、Green、Blue 这 3 个参数设置恰当的阈值，从而对彩色图像进行二值化处理，以达到要求，如图 2-86 和图 2-87 所示。

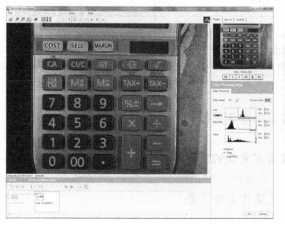

图 2-86 彩色图像阈值效果

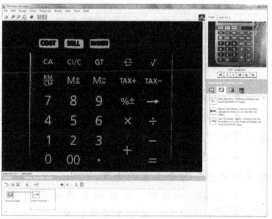

图 2-87 彩色图像二值化后的二值图

2.5.3 灰度选板

灰度选板包含 Lookup Table（查找表）、Filters（滤波器）、Gray Morphology（灰度形态学）、FFT Filter（快速傅里叶滤波器）、Threshold（阈值）、Watershed（分水岭分割）、Operators（运算）、Conversion（转换类型）和 Extract FFT Plane（抽取快速傅里叶变换平面）9 个函数。

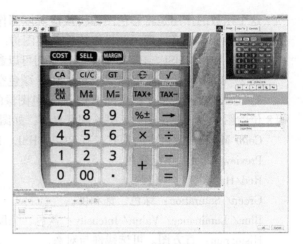

图 2 - 88　查找表

1. Lookup Table（查找表）

对一幅图像应用查找表可以起到改善对比度与亮度的作用，如图 2 - 88 所示。

在查找表列表框中，有以下功能可用。

- Image Source：原始图像。
- Equalize：均衡图像，增强动态强度由指定的灰度级间隔在整个灰度级上分配。此函数再分配像素值以便提供一个线性的累积直方图。
- Reverse：翻转图像，翻转像素值，显示原始图像的底片。
- Logarithmic：对图像应用对数变换，以增强暗区的亮度与对比度。
- Exponential：对图像应用指数变换，以减弱亮区亮度，提高亮区对比度。
- Square：平方，减少暗区对比度。类似于指数但是有更平缓的效果。
- Square Root：平方根，减少亮区的对比度。类似于对数但是有更平缓的效果。
- Power X：X 次方，减少暗区对比度。
- Power 1/X：X 次根，减少亮区对比度。
- X：幂运算指数，默认值为 1.5。

2. Filters（滤波器）

这里的滤波器与 VBAI 增强图像选板中滤波器的作用、功能、算法基本类似，可看看前面关于 VBAI 滤波器的介绍。

3. Gray Morphology（灰度形态学）

更改图像中目标的形状。单击函数，其配置界面如图 2 - 89 所示。在其列表框中，有以下选项可供选择。

- Image Source：原始图像。
- Dilate：灰度级膨胀操作。当这些像素的周围有更高的亮度时膨胀增强了每个像素的亮度。
- Erode 灰度级腐蚀操作。当这些像素的周围有更低的亮度时腐蚀减弱了每个像素的亮度。
- Close：闭操作。灰度级先腐蚀再膨胀。闭操作去除了亮区域中孤立的暗点，并且平滑了边界。
- Open：开操作。灰度级先膨胀再腐蚀。开操作去除了暗区域中孤立的亮点，并且平滑了边界。

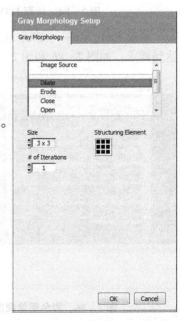

图 2 - 89　灰度形态学配置界面

- Proper Close：适当闭操作。有限双重结合闭操作和开操作。适当地进行闭操作去除亮区域中孤立的暗点，并且平滑暗区域边界。
- Proper Open：适当开操作。有限双重联合开操作和闭操作。适当地进行开操作去除暗区域中孤立的亮点，并且平滑亮区域边界。
- Auto Median：自动中值。自动中值生成简单的拥有较少细节的目标。
- Structuring Element：结构化元素（又可叫作掩模等）。二维数组当作二值化屏蔽来定义像素的领域。可以通过单击元素来修改结构化元素。元素为黑，它的值为1；元素为白，值为0。当值是1时对应的像素被当作领域，它的值在形态学操作时将被使用。
- Size：结构元素的尺寸，可用的值有3×3、5×5和7×7。
- # of Iterations：迭代次数，仅对膨胀、腐蚀两个函数有效。

4. FFT Filter（快速傅里叶滤波器）

对图像进行频率滤波。单击函数后，进行适当配置，其效果如图2-90所示。

FFT（快速傅里叶变换）可以将图像转换到频域，然后对频率进行滤波。关于傅里叶变换及快速傅里叶变换，可查看相关资料。

- Image Source：源图像。
- Truncate：去除复数图像的频率。
- Attenuate：衰减复数图像的频率。
- Mode：决定什么频率被去除或衰减。
- Low Pass：去除高频。
- High Pass：去除低频。
- Truncation Frequency %：去除频率百分比。
- Display FFT：显示滤波后的复数图像。

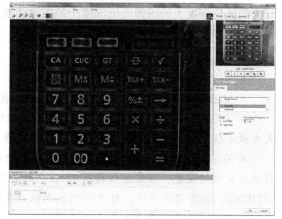

图2-90　快速傅里叶滤波器

5. Threshold（阈值）

阈值操作与增强图像中的函数功能一样，不再赘述。

6. Watershed（分水岭分割）

单击分水岭分割函数，进入配置界面，如图2-91所示。

在配置页面中，有以下选项。

- Number of Zones：区域数。
- Connectivity 4/8：四连通/八连通。
- Display：标记为二进制输出。
- Image Source with Separation Overlay：原始图像覆盖分割。

关于分水岭分割，可查看相关资料。

7. Operators（运算）

与彩色选板中的运算基本相同，只是这里仅针对灰度图，故不再赘述。

8. Conversion（转换类型）

将灰度图由X位深度转换成Y位深度，如将8位灰度图转换成16位深度图，将16位图转换成8位或浮点型等。可供选择的类型有8位、16位、浮点，如图2-92所示。

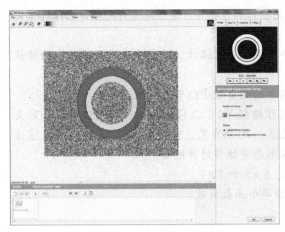

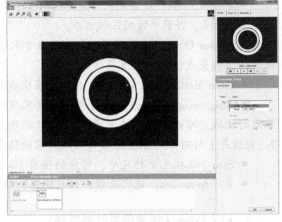

图 2-91　分水岭分割配置界面　　　　　　图 2-92　图像类型转换

在图 2-93 中，可以看到由位深度小的图像转换成位深度大的图像时，方法是不可用的。只有当从位深度大的图像向位深度小的图像转换时，方法才是有效的。

在图 2-92 中，可以看到以下选项。

- From：图像源的位深度。
- To：需要转换成图像的位深度。
- Method：转换方法（仅当从位深度大的图像向位深度小的图像转换时有效）。
- Adjust Dynamic：动态调整。动态调整图像，以便当前的最大或最小值能适应新图像的最大或最小值。所有像素的强度在它们的范围内是线性分布的。
- Shift#：移位数。对高位图像进行移位变成低位图像。如一个 12 位的图像 111111110000 转换成 8 位的图像，如果 8 位截取 12 位中的最高有效位，则为 11111111，截取最低有效位则为 11110000。选择移位多少，对于得到的图像效果影响较大。
- Cast：丢弃。丢弃太大和太小的值以便其能表示新图的最大或最小值。

9. Extract FFT Plane（抽取快速傅里叶变换平面）

抽取经快速傅里叶变换后的某个平面，有实数平面、虚数平面、幅值平面和相位平面可供选择，如图 2-94 所示。

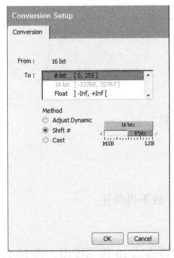

图 2-93　位深度大的图像向位
深度小的图像转换

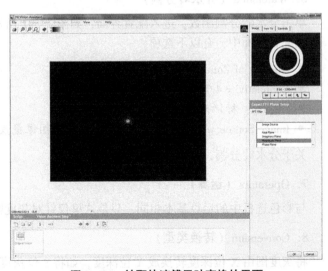

图 2-94　抽取快速傅里叶变换的平面

2.5.4 二值图像选板

二值图像选板只能接受二值化后的图像。其中有 Basic Morphology（基础形态学）、Adv. Morphology（高级形态学）、Particle Filter（粒子过滤）、Invert Binary Image（反转二值图像）。其选板如图 2-95 所示。

1. Basic Morphology（基础形态学）

影响二值图像中粒子形状。每个粒子或区域在单个基础形态学上都有影响。可以用这个函数完成如扩张/缩小目标、填充洞、关闭粒子、平滑边界等工作，以便后续图像的定量分析，如图 2-96 所示。其中，许多二值图中的形态学方法同灰度图中的形态学方法类似，可以参考。

- Image Source：原始图像。
- Erode objects：腐蚀目标。
- Dilate objects：膨胀目标。
- Open objects：开操作。
- Close objects：闭操作。
- Proper Open：适当开。
- Proper Close：适当闭。
- Gradient In：梯度内，提取粒子内部轮廓（梯度内，包含梯度）。
- Gradient Out：梯度外，提取粒子外部轮廓（梯度外）。
- Auto Median：自动中值。
- Thick：加粗，利用指定的掩模添加一些粒子来改变目标的形状，可用于填充洞和沿着边缘正确的角度平滑目标。
- Thin：变细，利用指定的掩模消除一些粒子来改变目标的形状，可用于消除背景上独立的像素和沿着边缘正确的角度平滑目标。
- Structuring Element：掩模。
- Size：掩模的尺寸。
- Iterations：迭代次数。
- Square/Hexagon：掩模形状，正方形和六边形。

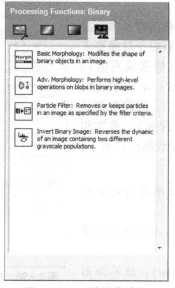

图 2-95 二值图像选板　　　　图 2-96 基础形态学

2．Adv. Morphology（高级形态学）

对图像中的粒子执行高级算法。利用此函数可以完成去除小粒子、标记粒子、填充洞，如图2－97所示。

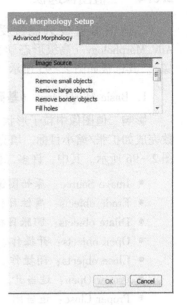

- Image Source：原始图像。
- Remove small objects：去除小目标。小目标由腐蚀数（Iterations 迭代）决定。
- Remove large objects：去除大目标。大目标由腐蚀数（Iterations 迭代）决定。
- Remove border objects：去除图像边缘上的粒子。
- Fill holes：填充洞。
- Convex Hull：计算目标的凸壳。经处理后，粒子没有凹下去的地方。
- Skeleton：骨架。骨架 M 函数会有较多的树枝突起，而骨架 L 函数的树枝突起会较少。SKIZ 算法与骨架 M 算法类似，但是会影响背景，此算法比较耗时。使用此算法时会有 Mode（方法）选项。

图 2－97　高级形态学

- Separate objects：分离目标，打断并分离接触的目标。
- Label objects：标记目标，以不同颜色将粒子标记出来。
- Distance：距离。给每个像素分配一个灰度值，此值等于到目标边界的最短距离，当然此目标可能会有孔洞。
- Danielsson：达尼森算法。与距离算法类似，但这种方法使用了更多精确的算法。
- Segment image：分割图像。将一幅图像分割成若干个片段，每个片段的中心都在目标上，因此这些片段都不会重叠并且脱离空白区域。

而对于像 Structuring Element（掩模算子）、Size（算子大小）、Iterations（迭代）、Connectivtiy4/8（四/八连通）、Square/Hexagon（正方形/六边形）等参数，前面已经介绍过，这里不做详细解释。

3．Particle Filter（粒子过滤）

根据设置的条件，对粒子测量后，将满足条件的粒子去除或保留。其配置选板如图2－98所示。其中的参数有粒子过滤要求列表、参数范围（最小值、最大值）、坐标系（像素或真值）、不包括间隔（当选择时，范围为 [- ∞，最小值] & [最大值，+ ∞]；当不选择时，范围为 [最小值，最大值]）、当前参数显示（最小值、最大值、平均值）、动作（去除、保留）、重置和连通方法等。除了第一个可选项较多外，其他参数都简单明了，在此不多加解释。现对过滤要求列表解释如下。

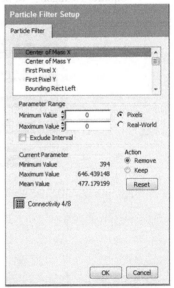

- Center of Mass X 和 Center of Mass Y：粒子质心的坐标（X、Y）。
- First Pixel X 和 First Pixel Y：粒子第一点（粒子中最上最左的点）的坐标（X、Y）。
- Bounding Rect（Left、Right、Top 和 Bottom）：边界矩形

图 2－98　粒子过滤配置选板

（左、右、上、下）。

- Left：粒子最左边点坐标 – X。
- Top：粒子最上边点坐标 – Y。
- Right：粒子最右边点坐标 – X。
- Bottom：粒子最下边点坐标 – Y。
- Max Feret Diameter Start X 和 Max Feret Diameter Start Y：最大 Feret 直径开始 X 与 Y 坐标。Feret 直径是指粒子周边最远两点间的距离。
- Max Feret Diameter End X 和 Max Feret Diameter End Y：最大 Feret 直径结束 X 与 Y 坐标。
- Max Horiz. Segment Length（Left、Right 和 Row）：最大水平段长（左 X 坐标、右 X 坐标、Y 坐标），即一个粒子中沿水平方向最长的那条线的左边点 X、右边点 X 以及此线的 Y 坐标。
- Bounding Rect（Width、Height 和 Diagonal）：边界矩形（宽、高、对角线）。
- Perimeter：粒子的周长。由于粒子的边界是由离散点组成的，视觉助手会二次抽样边界点来逼近一条更平滑、更正确的周长。
- Convex Hull Perimeter：凸壳的周长。
- Hole's Perimeter：粒子中所有洞的周长（和）。
- Max Feret Diameter：粒子周边最远两点的距离。
- Equivalent Ellipse［Major Axis、Minor Axis 和 Minor Axis（Feret）］：等效椭圆（等效椭圆长轴长度、短轴长度，以及以 Feret 为长轴面积与粒子面积相等的椭圆的短轴）。
- Equivalent Rect［Long Side、Short Side、Diagonal 和 Short Side（Feret）］：等效矩形（长边、短边、对角线和以 Feret 为最长边面积与粒子面积相等的矩形的短边）。
- Average Horiz. Segment Length：粒子水平分割长度平均值。
- Average Vert. Segment Length：粒子垂直分割长度平均值。
- Hydraulic Radius：水力半径。水力半径 = 粒子面积/粒子周长。
- Waddel Disk Diameter：Waddel 圆直径，即面积与粒子相等的圆的直径。
- Area：粒子面积（不含洞）。
- Holes' Area：粒子中所有洞的面积。
- Particle & Holes' Area：粒子面积（包含内部的洞）。
- Convex Hull Area：凸壳面积。
- Image Area：图像面积。
- Number of Holes：粒子中洞的个数，精确到粒子中的一个像素。
- Number of Horiz. Segments：粒子水平分割数。
- Number of Vert. Segments：粒子垂直分割数
- Orientation：方向。通过粒子的质心拥有最小惯性矩的直线（与水平方向）的角度。
- Max Feret Diameter Orientation：最大 Feret 直径的方向。
- % Area/Image Area：粒子面积占图像面积的百分比。
- % Area/（Particle & Holes' Area）：粒子面积占整个粒子面积（包含粒子与洞）的百分比。
- Ratio of Equivalent Ellipse Axes：等效椭圆轴的比率 = 长轴/短轴。
- Ratio of Equivalent Rect Sides：等效矩形边的比率 = 长边/短边。
- Elongation Factor：延长因子。最大 Feret 直径/等效矩形（Feret）短边，越细长的粒子，延长因子越大。

- Compactness Factor：紧密因子＝面积/外接矩形的面积。紧密因子范围为 0 ~ 1。粒子形状越接近矩形，紧密因子越接近 1。
- Heywood Circularity Factor：海伍德圆度因子＝粒子周长/面积与粒子面积相等的圆的周长。粒子的形状越接近圆，海伍德圆度因子越接近 1。
- Type Factor：类型因子，和面积的惯性矩有关。
- Angle：角度。沿逆时针方向旋转与 X 轴的角度范围为 [0°, 180°)。
- Sum…：和。各种相对于 X、Y 轴的动量和。
- Moment of Inertia…：粒子质心动量。
- Norm. Moment of Inertia…：归一化惯性矩
- Hu Moment…：源于普通惯性矩测量。

4. Invert Binary Image（反转二值图像）

将二值图像反转，即黑的变成白的、白的变成黑的。此步骤没有参数可以设置，如图 2 - 99 所示。

到此，VBAI 视觉助手讲解完毕。在后面的章节中，将会实际使用相关的函数进行图像分析与处理。

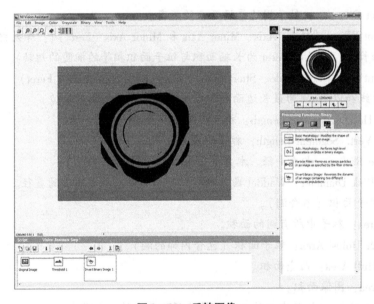

图 2 - 99　反转图像

2.6　定位特征

做机器视觉检查，其首要目标就是要寻找定位需要的特征，只有找到定位需要的特征，才可能为后面进一步的测量、测试与分析提供必要的条件。因此，定位特征在工业视觉中是非常重要的步骤。本章将为大家介绍 VBAI 中定位特征的函数。

定位特征函数选项卡如图 2 - 100 所示。其中有寻找边缘点、寻找直线、寻找圆（边）、模式匹配、几何匹配、设置坐标系、检测粒子、彩色模式匹配和高级寻找直线 9 个函数。下面分别加以介绍。

2.6.1 寻找边缘点（Find Edges）

寻找边缘点：定位并且计算图像中沿某条线上的亮度变化点。这里的某条线，实际上也就是 ROI。利用 ROI 工具进行设置，可以是直线、折线、手绘线、矩形、旋转矩形、椭圆（圆）、环、封闭折线和封闭手绘线。设置好 ROI 后，函数就在此 ROI 上寻找强度有变化的点。其效果如图 2-101 所示。

图 2-100　定位特征函数选项卡　　　　　　图 2-101　寻找边缘点

如图 2-101 所示，在一条封闭手绘线中，寻找到许多边缘点。对应的点都用序号＋小方框标记出来了。下面来看其配置选板。图 2-102 所示为其配置主体，和以前介绍的其他函数的配置主体类似，也有步骤名、兴趣区域、改变兴趣区域、参考坐标系等。注意，其中的 ROI 是灰色禁用的，也就是说，其只能是常量，而不能设置为整幅图像。因为此函数本质上是找线上的强度变化点，所以其 ROI 只能为某条线，必须由用户指定。改变 ROI 位置与参数坐标系是可以进行设置的，只要前面的步骤有对应的步骤系就可以设置。

图 2-103 所示为寻找边缘点设置选项卡，其中的参数有以下几个。

- Look for：查找边缘点类型分为第一点、第一点和最后一点、所有点及最佳点 4 个选项。
- Edge Polarity：边缘点极性，分为所有点，仅仅黑到白（暗到亮）的点，仅仅白到黑（亮到暗）的点。
- Auto Setup：自动设置。选择此项时，下面包含的参数将会自动设置。如果不选择，则需要手动设置对应的参数。
- Minimum Edge Strength：最小边缘强度，即边缘点与其周围点的亮度差的最小值。
- Kernel Size：内核尺寸。边缘检查内核的尺寸。
- Projection Width：投影宽度。指定与搜索方向垂直的方向上的像素数，以计算沿着兴趣区域上所有点的边缘剖面强度。
- Edge Strength Profile：边缘强度剖面图。沿着搜索线上的边缘对比度图示。

设置好这些参数后，基本上就可以使用了。但是，如果想要得到更好的效果，可以参考高级选项卡，查看设置的参数并查找到点的详细信息，如图 2-104 所示。

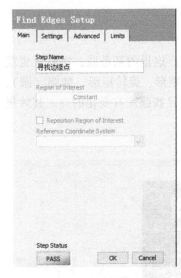

图 2-102　寻找边缘点主体

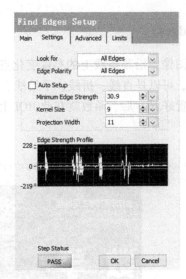

图 2-103　寻找边缘点设置选项卡

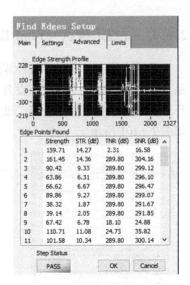

图 2-104　寻找边缘点高级选项

在图 2-104 中，可供参考的信息有以下几个。

● Edge Strength Profile：边缘强度剖面图，是指沿着指定的线的灰度剖面图。其中还显示出了找到的点的大概位置，用黄色的竖线加数字标号表示。

● Edge Points Found：寻找到的边缘点，用于指出找到的边缘的详细信息，如强度等。其中 Strength 为强度，值为 0~1000，用以表示很强的边缘；STR（Signal to Threshold Ratio）为信号阈值比；TNR（Threshold to Noise Ratio）为阈值噪声比；SNR（Signal to Noise Ratio）为信号噪声比，其中 STR、TNR、SNR 的单位都是 dB。

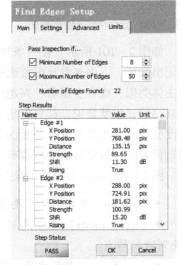

图 2-105　寻找边缘点
测试规格设置

参考高级选项卡中的数据，然后合理进行设置后，就会寻找到一些点。这时就可以对此步骤进行测试规格的设置，如图 2-105 所示。

在图 2-105 中可以看到 Pass Inspection if…，其意思为"通过检查当……"，即当寻找到的边缘点数在设置的最小边缘点数与最大边缘点数之间时，即通过检查；否则不能通过检查。其中"Minimum Number of Edges"为最小边缘点数设置，"Maximum Number of Edges"为最大边缘点数设置，"Number of Edges Found"为找到的边缘点数。"Step Results"为步骤结果，其中包含了每个点的下列信息。

● X Position：边缘点的 X 坐标。

● Y Position：边缘点的 Y 坐标。

● Distance：边缘点到线的起始点的距离，这里没有标定时，单位为像素，如果标定过，则为标定后的距离单位。

● Strength：边缘强度。

● SNR：信噪比。

● Rising：是否为上升沿。如果是黑到白的上升沿，则为真，如果是白到黑的下降沿，则为假。

当找到的点数在设置的规格范围内时，左下角的"Step Status"步骤状态为绿色 PASS 灯，而不在范围内时，为红色 FAIL 灯。下面来看一个实例，如果按照上面的规格设置，将点的范围设置在 2～205 时，图 2－106 所示的 ROI 结果为 PASS，图 2－107 所示的 ROI 结果为 FAIL。

图 2－106　寻找边缘点为 PASS

图 2－107　寻找边缘点为 FAIL

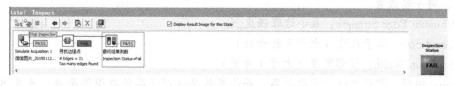

图 2－108　检查步骤图

图 2－108 即为图 2－106、图 2－107 的检查步骤图，检查步骤中第一步为采集图像，第二步为寻找边缘点，第三步为设置检查状态。第三步的设置检查状态，是函数选板 Use Additional Tools 中的第一个 Set Inspection Status 函数。因为此函数在后面的例子中经常会用到，因此在这里有必要提前介绍一下。单击 Use Additional Tools 中的 Set Inspection Status 函数，进入配置界面，如图 2－109 所示。

此函数仅有一个主体选项卡，其中各参数的意义如下：

- Step Name：步骤名。
- Inspection Status：检查状态。即设置检查的最后结果由什么条件来决定。其下有 5 个选项可供选择。

Set to FAIL if any previous step fails：当前面任一步骤失败时失败。

Set to FAIL if any previous step fails or if current value of Inspection Status is FAIL：当前面任一步骤失败时或当前的检查状态值为失败时失败。

Set to measurement value：等于指定的测量步骤的结果。

Set to PASS：通过。即永远通过。

Set to FAIL：失败。即一直失败。

- Update Number of Parts Inspected：更新检查步骤数。选中此选项，表示当检查步骤增加或删减时，检查内部统计通过和失败的系统变量也会对应改变。默认为选中。

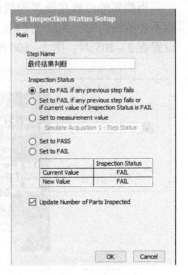

图 2 - 109　设置检查状态

此函数通常会选择当前面任一步骤失败时失败和等于指定的测量步骤的结果。而如果检查没有使用此函数，图 2 - 107 中右边的检查状态（Inspection Status）一直是 PASS 的。

2.6.2　寻找直线（Find Straight Edge）

寻找直线：在兴趣区域中找出直线。其 Main 主体选项卡，与寻找边缘点类似。不同的是其 ROI 可以使用常量或整幅图像，而不像寻找边缘点那样只有呈灰色禁用状态才可使用常量，在此不多做解释。后面函数的主体选项卡如没有什么变化，都不再详细解释。下面看一下设置情况。在图 2 - 110 中，可以看到寻找直线需要设置的参数有很多。每个参数的意义与设置方法如下：

- Direction：ROI 中搜索线的方向。右边下拉框中可供选择的有 Left to Right（从左到右）、Right to Left（从右到左）、Top to Bottom（从上到下）、Bottom to Top（从下到上）。
- Edge Polarity：边缘极性。可供选择的有 All Edges（所有点）、Dark to Bright Only（仅黑到白）、Bright to Dark Only（仅白到黑）。
- Look for：查找哪个点。可供选择的有 First Edge（第一点）、Best Edge（最佳点）。
- Auto Setup：自动设置。如果勾选该复选框，其下面的参数将根据 ROI 内容自动设置。如果没勾选，将手动设置。
- Minimum Edge Strength：最小边缘强度。
- Kernel Size：算子尺寸（大于 3 的奇数）。
- Projection Width：投影宽度（大于 1 奇数）。
- Gap：间隔。即搜索线之间的距离。寻找直线函数以及其他找圆等函数，是在 ROI 中设置 N 条直线，沿着直线方向寻找边缘点，然后再以这些点拟合成直线、圆等。因此，理论上这些点越多，间距越小，拟合出来的线越接近于实际直线。
- Edge Strength Profile：边缘强度剖面图，是指单条线的剖面图。
- Search Line Index：搜索线索引。在这里选择需要查看哪条搜索线的剖面图。

参数设置好后，如果图像质量好，那么很容易找到直线。下面再看一看高级选项卡，其中一些边缘点的数据，可以为合理设置参数提供依据，如图 2 - 110 所示。

在图2-111中，寻找直线的高级选项卡和寻找边缘点的高级选项卡类似。只不过多了一个搜索线索引，用于查看某条线的剖面图与边缘点。其他的如Strength、STR、TNR、SNR与寻找边缘点一样，可参考寻找边缘点。

参数设置好后，就可以设置规格范围了。寻找直线的规格范围如图2-112所示。

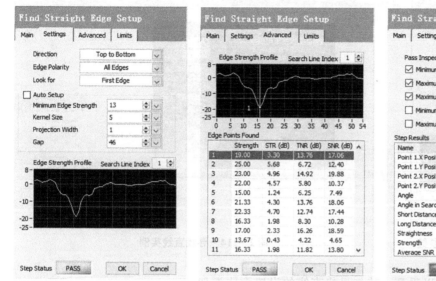
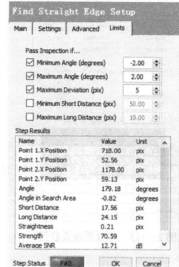

图2-110　寻找直线设置　　图2-111　寻找直线高级选项卡　　图2-112　寻找直线规格设置

● Pass Inspection if...通过检查如果：

➤ Minimum Angle（degrees）：最小角度（逆时针方向角，此角是拟合出的线与搜索线垂直的的线之间的夹角）。

➤ Maximum Angle（degrees）：最大角度（逆时针方向角，此角是拟合出的线与搜索线垂直的的线之间的夹角）。

➤ Maximum Deviation（pix）：最大偏差（找到的所有点与拟合直线的最大平均误差）。

➤ Minimum Short Distance（pix）：最小短距（第一条和最后一条搜索线起点到此搜索线与拟合线交点之间距离的最小值）。

➤ Maximum Long Distance（pix）：最大长矩（第一条和最后一条搜索线起点到此搜索线与拟合线交点之间距离的最大值）。

● Step Results 步骤结果：分为Name（名字）、Value（值）、Unit（单位）3列。这其中包含的信息从上到下分别是第一点X坐标、第一点Y坐标、第二点X坐标、第二点Y坐标、角度、在搜索区域的角度、最短距离、最长距离、直线度和平均信噪比等。

设置的最小或最大角度，是针对结果中在搜索区域的角度（Angle in Search Area）来设置的；最大偏差是针对直线度来设置的；最小短距、最大长距是针对最短距离、最长距离来设置的。图2-112所示为一寻找直线的实例。

实例的检查步骤与寻找边缘点类似，第一步为采集图像，第二步为寻找直线，第三步为设置检查状态。可参考前面的章节，这里不再赘述。

2.6.3　寻找圆（Find Circular Edge）

寻找圆（边）：在兴趣区域中定位圆。通过测量，能得到圆心坐标、半（直）径、偏差等参数。单击此函数，进入寻找圆配置界面。其主体选项卡与前面讲的寻找直线类似。不同的是其 ROI 工具只有环形工具可用。

单击 Settings 选项卡，进入设置页面，如图 2 – 113 所示。

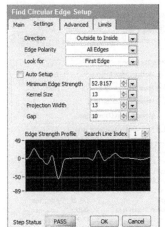

图 2 – 113　寻找圆设置参数

图 2 – 114　寻找直线实例

在图 2 – 114 中可以看到，其与寻找直线的设置大体类似，仅方向不一样，寻找圆分为 Outside to Inside（由外到内）、Inside to Outside（由内到外）。其他参数的意思与寻找边一样，不多做介绍。

寻找圆的 Advanced 高级选项卡与寻找直线的类似，可以参看寻找直线中高级选项卡的设置。

规格设置与寻找直线相当，也分为两个部分：一个为通过检查如果……；另一部分为步骤结果，如图 2 – 115 所示。

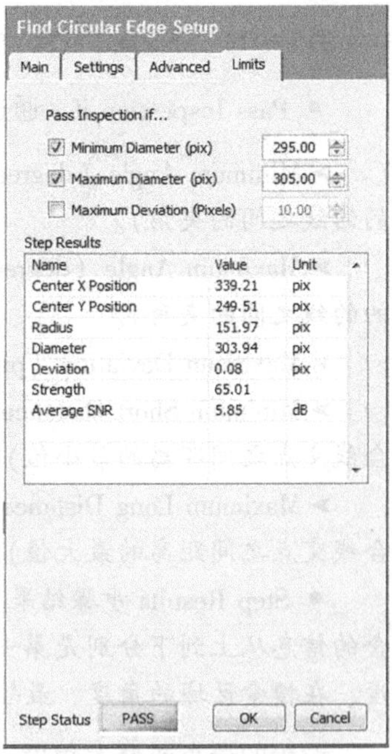

- Pass Inspection if…：

➤ Minimum Diameter（pix）：最小直径。

➤ Maximum Diameter（pix）：最大直径。

➤ Maximum Deviation（Pixels）：最大偏差。

- Step Results：

➤ Center X Position：圆心 X 坐标。

➤ Center Y Position：圆心 Y 坐标。

➤ Radius：半径。

➤ Diameter：直径。

➤ Deviation：偏差。

➤ Strength：强度。

➤ Average SNR：平均信噪比。

图 2 – 115　寻找圆规格设置

从图 2 – 116 中可以看到，寻找圆函数支持二值图像，如图 2 – 117 所示。其实上面的寻找边缘点、寻找直线、寻找圆函数都支持二值图像，这里就不再一一举例。

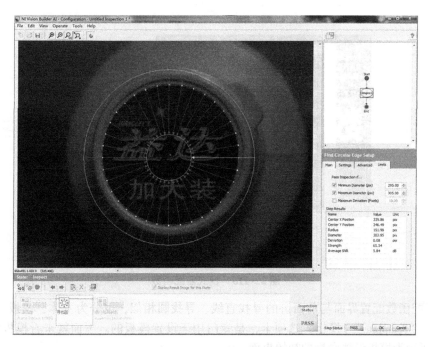

图2-116 寻找圆实例

图2-117 寻找圆实例(二值图像)

2.6.4 模式匹配 (Match Pattern)

模式匹配:在画个图像或ROI中定位一个灰度特征(又叫作模式、模型或模板)。单击函数后,函数并不进入配置界面,而是进入模板设置界面,如图2-118所示。

图 2-118　模式匹配函数

　　模式匹配函数配置界面与前面讲的寻找直线、寻找圆相似，也分为主体、模板、设置和规格等。其中"Template"（模板）选项卡，是专门用于设置模板的。下面就来看模板设置向导。图 2-118 所示为模板设置向导的初始界面。

　　在图 2-119 中，右上角有一竖向 ROI 及缩放工具。从上到下分别是矩形工具、旋转矩形、放大、缩小、原始尺寸和适合窗口。这里选择一个 ROI 工具，在图像窗口中选择需要的特征。如图 2-119 所示，这里选择"CST"logo 为特征。单击"Next"按钮，进入模板屏蔽设置。

图 2-119　模板设置向导-选择 ROI

图 2-120　模板设置向导-定义模板屏蔽

　　这里设置的作用是设置一些区域，这些区域将会被忽略，不参与模式匹配，即在模式匹配时，选择的区域是不匹配的。在图 2-120 中，左边为图像预览区，右边最上面一排为缩放工具，接下来的是设置屏蔽层的工具，有笔、矩形、圆、封闭折线、封闭手绘线和橡皮擦（用于修改已经设置的屏蔽层）。再往下是 Pen Width（笔宽），当上面的工具选择笔和橡皮擦时，笔宽有效。"Clear All Region to Ignore"按钮为清除所有设置的屏蔽区域。"Template Region to Ignore"为忽略模板的颜色，单击前面的颜色框可以选择自己喜欢的颜色。设置好后，单击"Finish"按钮完成设置。当然也可以先返回前一步选择不同的特征，单击"Cancel"按钮取消模板设置，单击"Help"按钮获得视觉模板编辑的帮助。设置好模板后，回到模式匹配配置窗口。默认看到的是主体选项卡，这里和前面讲的寻找圆等函数的主体没有什么区别。将 ROI 区域设置为整幅图像，然后单击"Template"选项卡，如图2-121所示。

在"Template"选项卡中，可以看到Template Image区域，该区域显示前面设置的模板；"Template Size"为设置模板的尺寸，"Width"为宽，"Height"为高；"New Template"为重新设置一个模板，单击后会出现新的模板设置向导；"Edit Template"为编辑模板，单击后将重新对当前模板的屏蔽层进行设置。这里什么也不需要变更，使用向导设置好的默认值。再单击"Settings"选项卡，进入设置界面。

在"Settings"选项卡中，有以下参数可供使用，如图2-122所示。

- Number of Matches to Find：期望寻找到的匹配数。
- Minimum Score：最小分值。VBAI以及VDM牵扯的匹配函数，都会有最小分值的选项。分值是匹配中的一个重要参数，是指寻找到的匹配与设定模板的相似程度。VBAI中相机程度范围为0~1000分，即完全一样时为1000分。通常从某个原始图像中提取的模板在原始图像中会有1000分。各个匹配的分值可以在Limits规格中看到，参考这些分值，可以设置合理的最小分值。
- Search for Rotated Patterns：搜索旋转模式。选择此选项后，在图像中会搜索有角度的匹配，如果没选择此选项，那么只会寻找水平的匹配，旋转一点角度可能就找不到了，所以通常的模式匹配中，会允许有一定的角度。允许的角度可以在下面的圆中用鼠标拖拉，也可以在Angle Range +/-（degress）中加以设置。
- Mirror Angle：镜像角度。勾选此选项后，其镜像角度（+180°）也将允许被搜索。如图2-122所示，允许匹配±20°，即-20°~20°，如果选择镜像角，那么160°~200°也允许匹配。设置好参数后，单击"Limits"选项卡，进行规格设置。

在图2-123所示的规格设置中，设置检查通过的条件，有最小匹配数、最大匹配数可供选择。另外，下面还有Sort by为搜索到的匹配结果排序依据与排序方法，排序依据有X位置像素坐标、Y位置像素坐标、X位置标定坐标、Y位置标定坐标、角度、分值可供选择；排序方法有升序与降序排序。默认值为按分值降序排序。设置好后，就完成模式匹配的设置。下面来看一个实例。

图2-121 模板选项卡

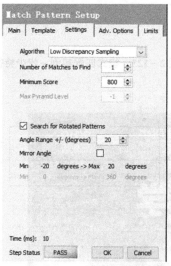

图2-122 设置选项卡

图2-123 规格选项卡

在实例中，设置匹配数为最小一个最大一个。在图2-124中，找到了两个特征，检查失败。在图2-125中，一个特征也没有找到，检查失败。在图2-126中，找到一个特征，检查通过。

图 2-124　模式匹配实例-找多特征

图 2-125　模式匹配实例-找少特征

图 2-126　模式匹配实例-找到指定数量的特征

模式匹配的作用不仅在于它能够检查目标的存在性、完整性等参数，而且能够为后续的其他函数提供建立坐标系的基础。假如还有其他一些目标需要检查，而这些检查是某个特征在视场中发生变化的，那么可以先搜索到视场中的特征，然后以此建立坐标系，然后其他函数则使能改变 ROI，选择建立的坐标系。那样，当检查目标在视场中变换位置时，只要没跳出视场范围，检查出结果将成为可能。

运用模式匹配函数时，有时模板很小，但是图像很大，这时 ROI 应该设置得相对小些，而不能在整个图像中寻找。如果在整个图像中寻找，首先找到的可能性会降低，另外即使找到了，所花的时间也会更多。在 VBAI 所有的函数中，模式匹配花费的时间会长许多，所以，要注意如何屏蔽不必要的区域，选择合理的 ROI。

模式匹配可应用于二值化图。

2.6.5 几何匹配（Geometric Matching）

几何匹配：在整个图像或 ROI 中定位基于边缘信息的灰度特征。单击该函数后，进入几何匹配模板设置向导中，如图 2-127 所示。

图 2-127 几何匹配模板设置向导

向导最开始选择的模板区域同模式匹配差不多。画一个 ROI 后（如图 2-127 中的"医类"），单击"Next"按钮进入 Define Curves 定义曲线界面，如图 2-128 所示。

定义曲线和模式匹配中的定义屏蔽类似，再来看其参数。先看 Specify Curve Parameters（指定曲线参数），有以下参数设置。

- Extraction Mode：抽取模式，分为 Normal（普通）与 Uniform Regions（均匀区域）。
- Edge Threshold：边缘阈值。
- Edge Filter Size：边缘滤波器尺寸，分为 Fine（精细）和 Normal（普通）。
- Minimum Length：最小长度，即边缘最小像素长度。
- Row Search Step Size：行搜索间距，像素单位。
- Column Search Step Size：列搜索间距，像素单位。
- Customize Curves：定制曲线。

● Initial Curves：初始曲线，即根据指定的曲线参数得到的曲线。

图 2 – 128   几何匹配 – 定义曲线界面

● Draw Regions to Ignore：画忽略区域，即此区域的曲线忽略不计。

● Erase Customization：删除自定义。

● Pen Width：笔宽，画忽略区和使用橡皮擦时有效。

● Clear All Customization：清除所有自定义。

● View Resulting Curves：查看曲线结果，即只显示图中的初始曲线和额外添加的曲线。其他所有特征全部设置为黑色，如图 2 – 129 所示。

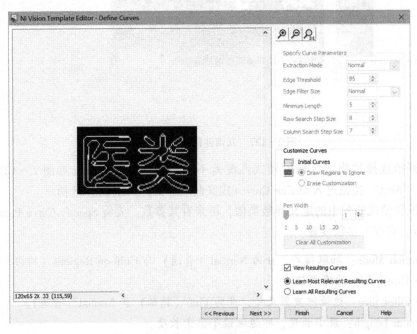

图 2 – 129   查看曲线结果

曲线参数设置好后，单击"Next"按钮，进入自定义得分，如图 2 – 130 所示。

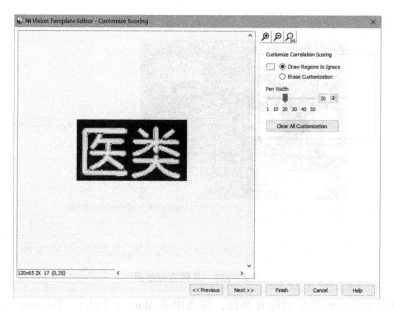

图2-130 自定义得分

图2-130所示功能与模式匹配中的定义屏蔽类似。画一个忽略的区域，此区域的曲线将不参与几何匹配的分值计算。其他参数都与前面讲解的类似，单击"Next"按钮。

图2-131展示的是自定义匹配偏移量。上面的"Match Offset"为匹配偏移量，如X、Y的坐标以及偏转角度。下面的"Match Range"为匹配范围，包含最小角、最大角、最小比例和最大比例。图2-131中匹配0~360°间的曲线，比例为模板的90%~110%，即可以匹配与模板相似但尺寸不同的特征。单击"Finish"按钮完成向导。得到图2-132所示几何匹配效果。

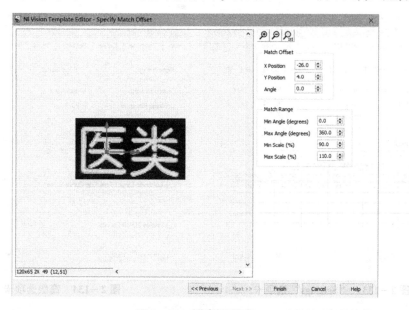

图2-131 自定义偏移

如图2-132所示，几何匹配后的配置界面是一个独立的配置窗口，并没有在右下角出现。这个是VBAI 2009才开始出现的，在VBAI 3.6中依然是出现在右下角的。因为多了Advanced Options（高级选项），在右下角的位置已经放不下了，要么就要用左右移动按钮，要么就要多排选项卡，或者使其成为独立窗口以获得更大的空间。

图 2-132　几何匹配效果

图 2-133 所示为几何匹配的配置界面，在图中有 Main（主体）、Template（模板）、Curve（曲线）、Settings（设置）、Limits（规格）、Advanced Options（高级选项）。主体、模板、曲线、规格都与前面介绍的其他函数或几何匹配向导类似。下面来看这里的 Settings 选项卡。

Settings 选项卡与其他模式匹配类似，也有需要寻找的匹配数、最小值、寻找匹配的参数（如角度、比例、封闭程度）等，寻找到的匹配参数，如分值、XY 坐标、角度、比例、封闭程度、模板目标曲线分值、相关性分值、目标模板曲线分值等。下面再来看高级选项，如图 2-134所示。

图 2-133　"Settings" 选项卡

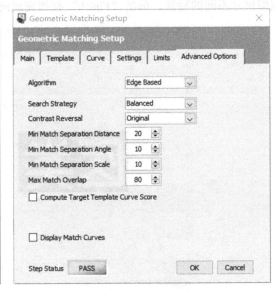

图 2-134　高级选项卡

图 2-134 所示的高级选项卡中，有以下参数。

- Algorithm：算法，分为基于边缘和基于特征两种。
- Search Strategy：搜索策略，分为保守、平衡、积极 3 种方式。
- Contrast Reversal：对比反转，分为原始、反转、两者都 3 种方式。
- Min Match Separation Distance：最小匹配间距。

- Min Match Separation Angle：最小匹配角度。
- Min Match Separation Scale：最小匹配比例。
- Max Match Overlap：最大匹配重叠。
- Compute Target Template Curve Score：计算目标曲线分值。
- Display Match Curves：显示匹配曲线。

下面来看一个实例，如图2-135所示。

图2-135 几何匹配实例

2.6.6 建立坐标系（Set Coordinate System）

建立坐标系：建立一个坐标系基于定位和特征的参考方向。单击函数后，进入坐标系配置界面，如图2-136所示。这里，"Main" 选项卡无需多说，其中只有一个步骤名需要设置。"Limits" 选项卡也不介绍了，其中没有参数可以设置。下面重点看 Settings 选项卡。

在 Settings 选项卡中，有下列参数可供使用：

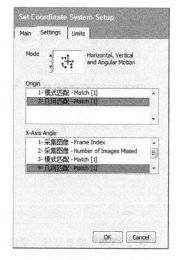

- Mode：坐标系运动模式，如图2-137所示。

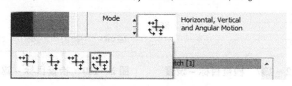

图2-137 坐标系运动模式

图2-136 建立坐标系-设置

在图2-137中，从左到右，依次为水平运动、垂直运动、水平和垂直运动、水平和垂直带角度运动。

- Origin：原点，即坐标系的原点，可从下面的列表框中选择，图中有 "模式匹配" 和 "几何匹配"。

- X-Axis Angle：X轴角度。选择X轴的角度，可从下面的列表框中选择，列表框中的选项均是前面步骤中可供使用的参数，如采集图像的帧号、采集图像丢失的数量、模式匹配的角度和几何匹配的角度等。

2.6.7 检测目标（Detect Objects）

检测目标（物体）：定位相似强度的目标（粒子分析）。单击函数后进入配置界面主体。主体选项卡同前面介绍的函数一样，可参考前面的章节。

阈值和前面讲到的阈值图像函数类似，可以参考，如图 2 - 138 所示。这里就不多做解说了。

Settings 里的参数，有图 2 - 139 所示的一些。

- Ignore Objects Touching Region of Interest：忽略目标接触到 ROI 的，即与 ROI 相交的目标忽略不计。
- Fill Holes within Objects：填充目标中的洞。
- Minimum Object Size（pix^2）：最小目标尺寸（面积、像素的平方），检测目标的最小面积。
- Maximum Object Size（Pix^2）：最大目标尺寸（面积、像素的平方），检测目标的最大尺寸。
- Sort by：排序类型与排序方式。
- Objects：找到的目标数及其参数（有 X 中心坐标、Y 中心坐标、面积大小、方向、宽高比、洞的数量）。

滤波器可以对图像进行滤波，单击 Configure 进入滤波器配置界面，如图 2 - 140 所示。

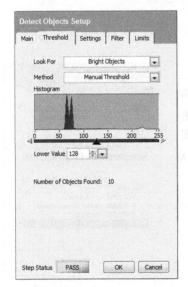

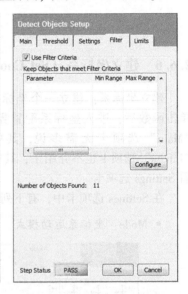

图 2 - 138　检查目标 - 阈值　　　图 2 - 139　检查目标 - 设置　　　图 2 - 140　检查目标 - 滤波器

在图 2 - 141 中，最上面是 Filter Mode（滤波器模式），分为以下几种。

- Remove Objects that meet Filter Criteria：当符合滤波器条件时去除目标。
- Keep Objects that meet Filter Criteria：当符合滤波器条件时保留目标。
- Connectivity：连通规格（4、8 连通）。
- Number of Objects：目标数。

中间是滤波条件列表框，单击右边的"Add"按钮可添加滤波器条件，单击"Delete"按钮为删除条件。

下面是滤波器条件设置，左部为参数选择，具体的内容可参看前文视觉助手的粒子分析。

右上部为过滤范围，右下部为统计信息。根据对应的参数设置好滤波条件，从而过滤掉不需要的目标。此功能同粒子分析、滤波器函数、形态学函数等有重叠功能，可相互参考。

如图 2 – 142 所示，在规格设置中，通过检查中有两个参数可以进行设置，即最小目标数与最大目标数，另外还有一个寻找到目标数显示。设置很简单，这里不再多述。

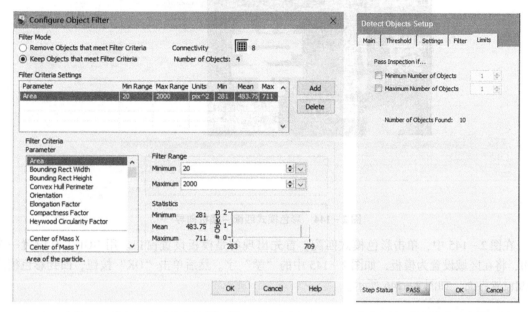

图 2 – 141　配置滤波器　　　　　　　　图 2 – 142　检测目标 – 规格设置

图 2 – 143 中的实例设置为寻找 3 个粒子目标，但是查找到 4 个，结果为 FAIL。而且可以看到在 ROI 边缘也有一定白色的目标，但是由检测可知这是因为忽略了接触到 ROI 的粒子。

图 2 – 143　检测目标 – 实例

2.6.8　彩色模式匹配（Match Color Pattern）

彩色模式匹配：定位彩色特征（模式）在整幅图像或 ROI 中。这个函数类似于模式匹配，只是模式匹配是针对灰度图、二值图的，而彩色模式匹配是针对彩色图像的。单击函数后进入配置界面，如图 2 – 144 所示。

图 2 – 144　彩色模式匹配 – 模板向导

在图 2 – 145 中，单击彩色模式匹配，首先出现的是模板设置窗口。用 ROI 工具设置一个 ROI，将在区域设置为模板，如图 2 – 145 中的"学"字。然后单击"OK"按钮，回到彩色模式匹配设置界面，如图 2 – 146 所示。

图 2 – 145　彩色模式匹配主体

彩色模式匹配设置的主体同其他函数一样，这里设置 ROI 为常数，未建立坐标系。单击模板，如图 2 – 147 所示。彩色模式匹配不能像模式匹配一样设置忽略区域，在早期的 VBAI2. X、VDM7. X 中模式匹配同样也是不能设置忽略区域的。

在这里，看到的模板图像是刚才建立的，包含模板图像的尺寸大小、匹配起始位置和创建模板按钮等，同模式匹配大同小异，这里不做叙述，再来看设置，如图 2 – 148 所示。

彩色模式匹配与模式匹配的设置也是大同小异，也有需要找到的匹配数、最小分值、搜索水平和旋转模式搜索等。参照模式匹配，可一目了然。

 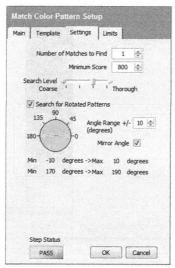 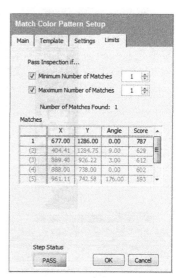

图2-146 彩色模式匹配-模板　图2-147 彩色模式匹配-设置　图2-148 彩色模式匹配-规格

规格设置与模式匹配类似，只是没有排序方式而已，其他的均类似。这里也不再多说了。来看一个实例。

图2-149中的实例。VBAI中可以在某个步骤上单击右键，然后在快捷菜单中选择某个命令完成一定的功能。如图2-150所示。其中有Edit（编辑）（使用鼠标双击也可以）、Cut（剪切）、Copy（复制）、Paste（粘贴）和Enable Step（全能步骤）等。

图2-149 彩色模式匹配-实例　　　　　图2-150 步骤
右键菜单

步骤图中第二步为导入本地图片进行图像分析，第三步为颜色模式匹配，第四步为检查结果判断。此实例中设置彩色模式匹配数为1，找到一个，结果为OK，整个检查也是OK的。

2.6.9 高级直线（Adv. Straight Edge）

高级直线：在低对比度图像或高噪声图像中定位直线。单击该函数，弹出窗口，而不是在右下角出现配置窗，如图2-151所示。

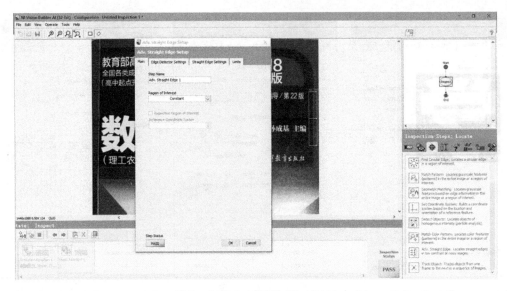

图 2 - 151　高级直线函数

高级直线函数的主体选项卡可参看前面章节。单击"Edge Detector Settings"（边缘检测器设置）选项卡，进入边缘检查器设置，如图 2 - 152 所示。其中的参数如下。

● Suggest Values：建议值。使能时，步骤将建议适当的值给边缘检测器控制。也就是使用一些自动值进行检查。如图中的灰色部分的值都将使用自动值。

● Detection Method：检测方法，有 First Edge Rake（第一边缘斜度）、Best Edge Rake（最佳边缘斜度）、Best Hough Edge Rake（最佳霍夫边缘斜度）、First Edge Projection（第一边缘投射）和 Best Edge Projection（最佳边缘投射）。

● Search Direction：搜索方向，有 Left to Right（从左到右）、Right to Left（从右到右）、Top to Bottom（从上到下）和 Bottom to Top（从下到上）。

● Edge Polarity：边缘极性，有 Any Edge（任何边缘）、Dark to Bright（黑到白）和 Bright to Dark（白到黑）。

● Minimum Edge Strength：最小边缘强度。

● Minimum Edge SNR：最小边缘信噪比。

● Kernel Size：内核算子。

● Gap：搜索线间距。

● Projection Width：投射宽度。

● Interpolation：插值方法。

● Projection Method：投射方式。

● # Straight Edges Found：强度边缘数。

● Search Line/Edge Index：搜索线、边缘索引。

● Edge Strength Profile：边缘强度剖面图。

● Edge Points found on Search Line：在搜索线上找到的边缘点及其信息。

直线设置选项卡如图 2 - 153 所示，用于设置直线分值、角度等参数。其参数如下。

● Suggest Values：建议值，使能时使用建议值。

● Minimum Score：最小分值。

● Maximum Score：最大分值。

● Angle Range：角度范围。

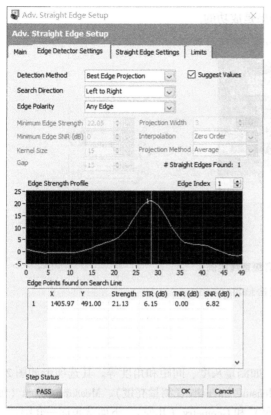

图2-152 高级直线-边缘检测器设置

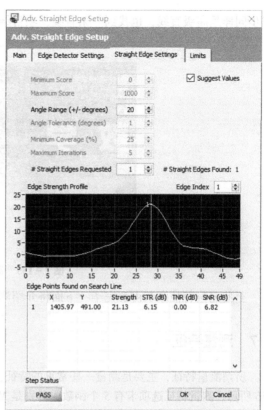

图2-153 高级直线-直线设置

- Angle Tolerance：角度公差。
- Minimum Coverage：最小覆盖率，包含于检测到的直线中的点占搜索线上的边缘点的比率。
- Maximum Iterations：最大迭代次数。
- # Straight Edges Requested：需要的边缘数。
- # Straight Edges Found：找到的边缘数。
- Search Line/Edge Index：搜索线、边缘索引。
- Edge Strength Profile：边缘强度剖面图。
- Edge Points found on Search Line：搜索线上的边缘点。

图2-154所示为规格设置，这里和其他的函数类似，有当条件满足时通过检查、排序依据和排序方式、直线结果等。其中当条件满足时通过检查有直线数、直线角度、直线度。下面来看一个实例，如图2-155所示。

图2-155所示的高级直线实例，第一步为采集图像，第二步为高级直线，找到一条直线、角度在范围内，此步PASSI图上有大的ROI，第

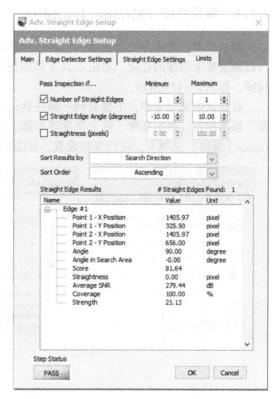

图2-154 高级直线-规格设置

三步同样是高级直线，也找到一条直线，项目结果是成功的。

图 2-155 高级直线实例

至此定位特征章节讲解完毕，下面将介绍测量特征。

2.7 测量特征

所谓测量特征，主要是测量一些常见的特征，如测量灰度、间距和角度等。其选项卡如图 2-156 所示。测量特征选项卡有 5 个函数，分别是 Measure Intensity（测量亮度）、Measure Colors（测量颜色）、Count Pixels（计数像素）、Caliper（卡尺）和 Geometry（几何）。下面就来逐一介绍。

2.7.1 测量亮度（Measure Intensity）

测量亮度：又称为测量灰度，它是针对灰度图来说的。它可以测量一个 ROI 中的亮度，也可以测量整个图像的亮度。单击后其主体同前面章节讲到的类似，这里不再重复。先来看其柱状图，如图 2-157 所示。

在柱状图选项卡中，主要看到一幅柱状图，表现了各个灰度级像素数的多少。还有平均亮度、标准偏差、最小亮度、最大亮度等参数。这些参数可以为后面的规格设置提供参考。单击 Limits（规格）选项卡，进行规格设置，如图 2-158 所示。

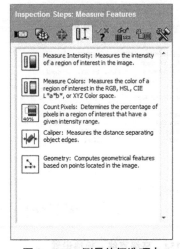

图 2-156 测量特征选项卡

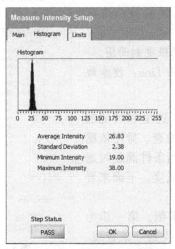

图 2-157 测量亮度柱状图

图 2-158 测量亮度规格设置

图 2-159 所示为测量亮度规格设置选项卡，看到其中的参数设置与以往的很多函数类似。其中有当平均值在某个范围内时通过测量，还有标准偏差、最小亮度、最大亮度在某个范围内时。这里也就不再多说。

2.7.2 测量颜色（Measure Colors）

测量颜色：测量一个 ROI 中的 RGB、HSI 等色彩空间。单击函数后，其主体与其他函数一样，此处不再介绍。下面来看图 2-159 所示的柱状图选项卡。

在测量颜色柱状图中，有以下参数可以参考使用。

● Color Space：色彩空间，有 RGB、HSL、CIE L＊a＊b、CIE XYZ 等。其中 RGB、HSL 可构成色彩平面的柱状图，而 CIE L＊a＊b、CIE XYZ 则为 CIE 颜色空间（见图 2-160）。

● Color Histogram/CIE Color Gamut：颜色柱状图、CIE 颜色空间。

● White Reference：基准白，基准白的设置，只有使用 CIE 颜色空间才有效。

● Results：结果，用于指示如 RGB 各颜色平面的平均值与标准偏差。结果可供规格设置作为参考。

单击"Limits"（规格）选项卡，进入规格设置选项卡，如图 2-161 所示。

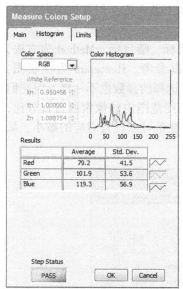

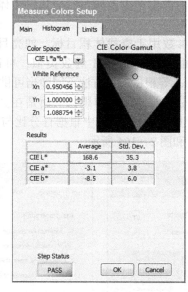

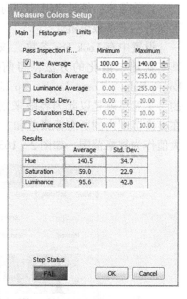

图 2-159 测量颜色柱状图	图 2-160 测量颜色范围	图 2-161 测量颜色规格设置
（RGB 空间）	（CIE 空间）	

规格设置与其他函数大同小异，主要就是针对各个结果进行设置，如 HSI 各值范围、标准偏差等，满足设置时通过检查，不满足规格时检查失败。下面来看一个实例。

在图 2-162 所示的示例中，模拟采集一幅彩色图像；然后使用测量颜色函数，设置 HUE 的 H 值范围为 100～120，结果为 59.1，低于规格，结果为 FAIL。接下来，使用视觉助手，提取彩色图像的某个平面，将彩色图像转换成灰度图，再使用测量亮度函数求亮度。亮度规格设置为 70～80，测量结果为 120.5，结果为 PASS，最后是一个整体结果判断。因为测量颜色 FAIL，所以整个检查也失效。

图 2-162　测量颜色与灰度实例

2.7.3　计数像素（Count Pixels）

计数像素：统计 ROI 中目标的像素多少及所占百分比。主体不做介绍，与其他函数一样。下面看一下参数设置。

设置中有 Look For 参数，该参数用于查找体积目标，如亮目标、暗目标。Method 为方法，其实就是二值化的方法，与前面讲的 Threshold 函数类似，可以参考。Histogram 为柱状图，Lower Value、Lower Limit、Up Limit 等根据所用方法不同弹出可供选择的参数也不一样，但它们的一个意思就是以此为界限来划分亮与暗、白与黑；下面是在亮度范围内的像素所占百分比，在亮度范围内的所有像素总和。"Limits"选项卡中根据百分比与数量可以设置对应的最小、最大值作为规格范围，如图 2-163 和图 2-164 所示。

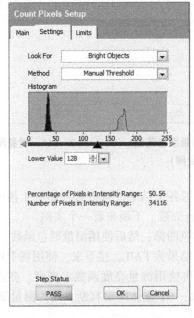

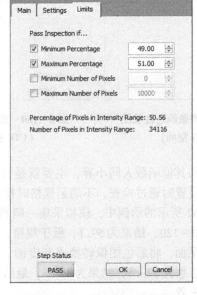

图 2-163　计数像素设置　　　　　图 2-164　计数像素规格设置

设置好规格后，单击"OK"按钮，就可以进行检查了。下面来看一个例子。

图 2-165 所示的实例中,共有两个计数像素函数,规格都设置为百分比为 50% ~55% ,计数像素 1 中,由于 ROI 比较向上,因为亮目标所占百分比比较大,为 45.98% ,结果为 FAIL,表示未通过检查;而计数像素 2 中,由于 ROI 比较小,亮目标所占百分比比较小,正好在规格内,因此通过检查,最后检查结果为 FAIL,因为计数像素 1 失败了。

图 2-165　计数像素实例

2.7.4　几何 (Geometry)

几何:使用几何函数,可以求解两点之间的距离、可以求两点的中间等。单击后进入函数主体,如图 2-166 所示。

在几何主体中,步骤名依然存在;然后下面是 Geometric Feature (几何特征)。单击右边的图标,可以看到图 2-167 所示的几何特征选项。

可用于计算的几何特征有以下几个。

- Distance:距离,求两点之间的距离。
- Mid Point:中点,求两点之间的中点。
- Perpendicular Projection:垂直投影,求一个点到一条直线 (由两点决定) 的垂足。点不在直线上。点顺序需要注意,一、二点决定直线,第三点为投影点。
- Lines Intersection:直线交点,求两条直线 (各由两个点决定) 的交点。一、二点决定直线 1,三、四点决定直线 2。
- Angle from Horizontal:线与水平线的夹角,求一条直线 (两点决定) 与水平线的夹角。
- Angle from Vertical:线与垂直线的夹角,求一条直线 (两点决定) 与垂直线 (即与水平线垂直的线) 的夹角。
- Angle Defined by 3 Points:三点间的夹角 (逆时针方向)。本质上是两条线的夹角,3 个点的顺序需要注意,第二点必须是角的顶点,即第二点是两条直线的交点,分别与第一、第三点构成直线。
- Angle Defined by 4 Points:四点间的夹角 (逆时针方向)。本质上两条线的夹角,4 个点的顺序为一、二点决定直线 1,三、四点决定直线 2。注意选择点时,按 1234 和 1243 的选择顺序所成角是不一样的。
- Bisecting Line:角平分线,即两条线所成夹角的平分线。一、二点决定直线 1,三、四点决定直线 2。

- Mid Line：中线，寻找一个点与一条直线间的中线，这条中线与直线平行。需要使用 3 个点，1、2 点决定直线。
- Center of Mass：质心，寻找由两个（或以上）点组成的几何图形的质心。
- Area：面积，计算 3 个（或以上）点组成的几何图形的面积。
- Line Fit：拟合线，拟合两个点以上离散点的拟合直线。
- Circle Fit：拟合圆，至少 3 个以上的点拟合成一个圆。
- Ellipse Fit：拟合椭圆，至少 6 个以上的点拟合一个椭圆。

选择好几何特征，并且设置好对应的点后，选择"Limits"选项卡，进行规格设置，如图 2-168 所示。

图 2-166　几何主体

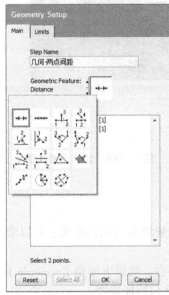

图 2-167　几何特征

图 2-168　几何规格

从图 2-168 中可以看到，根据指定的 4 个点得到的两条直线间的夹角。实际中，可以参考这个值设置规格。下面来看一个实例，如图 2-169 所示。

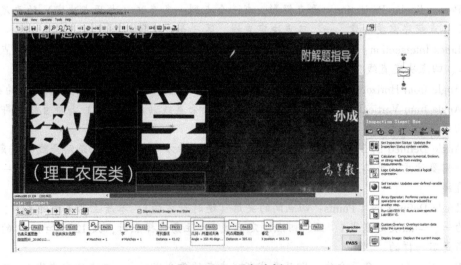

图 2-169　几何实例

图 2-169 中的实例，首先是采集图像，然后是两个模式匹配，分别找到"数"和"学"，紧接着是寻找直线，在图像上部寻找一条直线。接下来是几何 – 求两条直线的夹角，再之后是几何 – 求垂足，最后有一个自定义覆盖，将垂足显示出来，以方便查看。几何函数中的所有几何特征都是基于点的，所以在使用该函数前，必须要有足够的点来完成几何特征中需要的点。

2.8 存在性检查

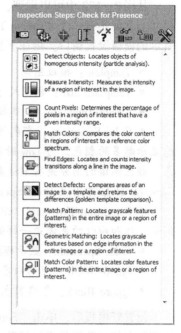

存在性检查，即检查某个特征存在或者不存在。例如，以前学习的模式匹配、几何匹配、检测目标等都属于存在性检查，因为在存在性检查选板中，有许多函数是以前的定位特征、测量特征中的函数，因此这里不再叙述，可以参考以前的章节。存在性检查选板如图 2-170 所示。

图 2-170 中的函数从上到下分别是：Detect Objects（检查目标）、Measure Intensity（测量亮度）、Count Pixels（计数像素）、Match Colors（匹配颜色）、Find Edges（寻找边缘）、Detect Defects（检查缺陷或瑕疵）、Match Pattern（模式匹配）、Geometric Matching（几何匹配）和 Match Color Pattern（彩色模式匹配）。这里只对 Match Colors（匹配颜色）和 Detect Defects（检查缺陷或瑕疵）进行解释，其他函数都是前面介绍过的，这里就不再重复介绍。

图 2-170 存在性检查选板

2.8.1 匹配颜色（Match Colors）

匹配颜色，也可以叫作颜色匹配，其原理是根据 ROI 中的颜色频谱与标准模板的颜色频谱进行比较，如果频谱相似程度达到要求，则 PASS；否则 FAIL。图 2-171 所示为单击此函数后首先弹出的模板向导。

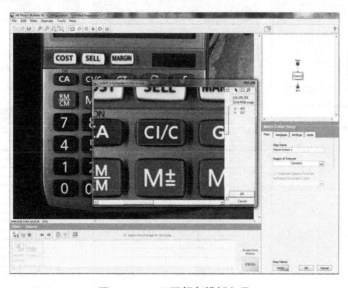

图 2-171 匹配颜色模板向导

在图 2-171 中，可以用 ROI 工具选择一个矩形区域作为模板，另外注意缩放工具只有一个中间是 + 的放大镜，而没有中间是 – 的缩小镜，如果需要缩小图像怎么办？方法是先选择放大工具，然后按住 Ctrl 键不放，这时光标代表的放大镜将变成缩小镜，这时，单击图像将会缩小图像，松开又变成放大镜。调整好显示比例，然后选择合适的 ROI 为模板。单击"OK"按钮，回到设置面板。从图 2 - 171 中也可以看到，其主体与其他函数一样，这里也不再解释。下面来看一看 Template（模板）选项卡，如图 2 - 172 所示。

从图 2 - 172 中可以看到，左上角是刚才画的模板，然后在其右边给出了模板的长、宽像素尺寸。下面还有一个"Create Template"（创建模板）按钮，如果单击此按钮，会出现图 2 - 172 所示的模板设置窗口。再往下是一些参数设置。这些参数的含义如下。

- Template：模板图像。
- Template Size：模板尺寸，Width 宽、Height 长。
- Create Template：创建模板。
- Color Sensitivity：颜色灵敏度，用于描述图像中颜色特征的灵敏度水平。该数值越高，就能显示越多的颜色。为 Low 时有 16 种颜色，为 Medium 时有 30 种颜色，为 High 时则有 58 种颜色。颜色频谱的划分是将 HSI 颜色空间的 HS 平面进行细分而得到的，具体可以参看 NI Vision Concepts Help 中有关 Color Spectrum 的相关内容。
- Saturation Threshold：饱和度阈值。此值用于分辨有相同色调但不同饱和度的两种颜色。例如，红和粉红的色调是一样的，但是红的饱和度要高于粉红。
- Color Spectrum：显示模板的颜色频谱信息，即图示出哪个频谱的值大，哪个频谱的值小。
- Ignore White：忽略白色。使能时，将忽略模板中的白色信息。
- Ignore Black：忽略黑色。使能时，将忽略模板中的黑色信息。

设置好模板后，单击"Setting"选项卡，可以看到有最小分值可以设置，匹配到的数量及匹配的分值与匹配是否达标等。

图 2 - 173 所示为匹配颜色的规格设置，此函数只能针对匹配的数目进行规格设定。如图 2 - 174 所示，虽然有两个匹配，但是只有一个满足要求，颜色频谱与模板相似，另一个相差太大，未满足要求。颜色匹配实例如图 2 - 175 所示。

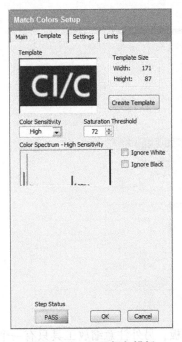

图 2 - 172　匹配颜色模板

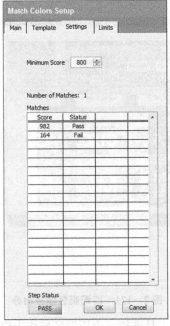

图 2 - 173　匹配颜色设置

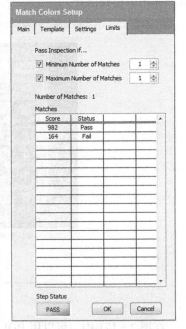

图 2 - 174　匹配颜色规格

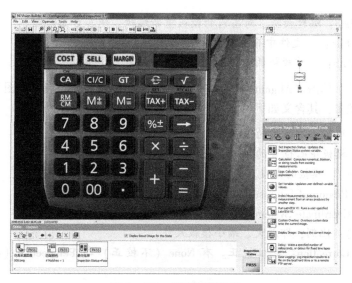

图 2 -175　匹配颜色实例

在图 2 -173 中，颜色匹配函数设置了两个 ROI（画出一个 ROI 后，按住 Ctrl 键不放，可再画第二、第三、……、第 N 个 ROI），模板设置的是图 2 -176 所示的模板，也就是"CI/C"所在的按键。第一个 ROI 也设置在模板周围，因此其颜色频谱与模板相似，这样也就能匹配到一个，而第二个 ROI 在"TAX +"按键上，此按键的颜色与模板相差较大，因此其匹配时无法通过。颜色频谱经常用于彩色图像中检查颜色。

2.8.2　检查缺陷 (Detect Defects)

检查缺陷（瑕疵），将图像中的某个区域与模板比较并返回差别（金板比较）。金板比较在细小缺陷检查中使用较多。下面来看其函数的具体设置。

检查缺陷的主体与其他函数略有不同，其内容陈述如下。

- Step Name：步骤名。
- Template Image：模板图像。
- Template Size：模板尺寸。
- New Template：新建模板，单击后，将弹出图 2 -177 所示的模板设置向导。其设置与几何匹配类似。设置完成后，会要求保存模板，保存的路径将显示在"Template Path"中。

图 2 -176　检缺陷主体

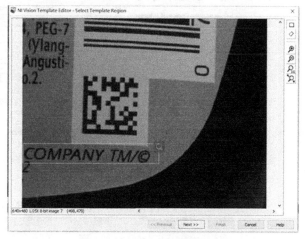

图 2 -177　检查缺陷模板向导

- Edit Template：编辑模板，对当前的模板重新编辑，使其更为合理。
- Load from File：从文件中导入模板。
- Template Path：当前模板的路径。

设置好模板后，单击"Alignment"（定位）选项卡，设置 ROI 位置，如图 2 - 178 所示。这里的参数较多，其含义如下。

- Center X：模板中心位置的 X 坐标。
- Center Y：模板中心位置的 Y 坐标。
- Angle（deg）：模板的角度。
- Reposition Region of Interest：改变 ROI。
- Reference Coordinate System：参考坐标系。
- Scale（%）：比例，即放大、缩小模板尺寸。
- Alignment Correction：定位校正。有 None（不校正）与 Perspective（投影校正）两个选项。
- Total Defect Area（pix^2）：总缺陷面积（单位：平方像素）。
- Largest Defect Area（pix^2）：最大缺陷面积。
- Percent Defect：缺陷百分比。
- Number of Defects：缺陷数量。
- Display：显示覆盖（原始图像）和显示缺陷。

在这里可看到有改变 ROI 依赖坐标系的参数。检查缺陷，需要和金板比较，但是拿什么去和金板比较呢？那么就得有一个与模板一样的 ROI 来进行比较。如何确定这个 ROI 呢？一种方法，可以先做一个模板，然后用模式匹配找到目标，用此 ROI 进行比较，但是在 VBAI 中，模式的匹配模板是不能从文件中导入的，而检查缺陷的模板是从文件中导入的，这样就会造成两个模板不一样，方法不易实现。当然，这种方法在 VDM 视觉助手或 VDM 中是可以实现的。另一种方法是将检查缺陷的 ROI 同坐标系关联起来，先模式匹配某个特征，建立坐标系，然后再检查缺陷。这样虽然对模式匹配的精准性要求比较高，但是在 VBAI 中，却是可以快速地实现检查缺陷。当然还可以使用调用 VI 等方法来实现，不过其难度要大许多。

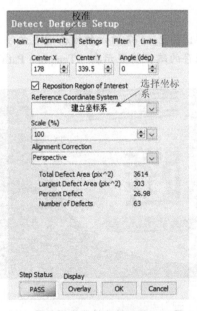

图 2 - 178　检查缺陷定位

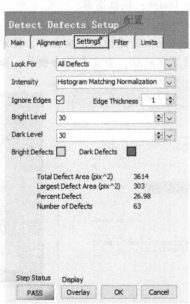

图 2 - 179　检查缺陷设置

图2-179所示为设置选项卡，其中的参数意义表述如下。

- Look For：查找目标，分为所有缺陷、亮缺陷、暗缺陷。
- Intensity：亮度调整。调整与检查图像的亮度是否达到与模板类似的亮度。方法有No Change（不改变）、Histogram Matching Normalization（柱状图匹配归一化）和Average Matching Normalization（平均值匹配归一化）。
- Ignore Edges：忽略边缘。
- Edge Thickness：边缘厚度。
- Bright Level：明亮水平，确定检查图像与金板图像的白色缺陷的最小强度差。
- Dark Level：黑暗水平，确定检查图像与金板图像的黑色缺陷的最小强度差。
- Bright Defects：明亮缺陷颜色，即比金板更亮的地方缺陷所用的颜色。
- Dark Defects：黑暗缺陷颜色，即比金板更暗的地方缺陷所用的颜色。
- Total Defect Area（pix^2）：总的缺陷面积（单位：平方像素）。
- Largest Defect Area（pix^2）：最大缺陷面积（单位：平方像素）。
- Percent Defect：缺陷所占ROI中所有像素的百分比。
- Number of Defects：缺陷数量，即所有独立的缺陷数量。

根据实际经验，边缘厚度值越大，所能检查的缺陷越少；明亮、黑暗水平越大，所能检查的缺陷越少。当然，如果只检查某一种缺陷，如明亮缺陷，那么检查出的缺陷也会很少。下面来看一下滤波器选项卡，如图2-180所示。

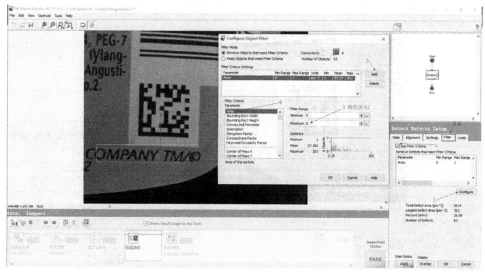

图2-180 检查缺陷滤波器

检查缺陷中的滤波器与Detect Objects检查目标函数中的滤波器一样，可以参考前面的相关章节。勾选Use Filter Criteria复选框，然后单击Configure按钮，进行滤波器配置，可以过滤掉一些不需要的粒子等。设置好滤波器后，再设置规格，单击"Limits"选项卡，如图2-181所示。

图2-181中的规格设置与其他函数类似，可以根据缺陷面积、最大缺陷面积、缺陷百分比和缺陷数进行设置。下面看一个实例。

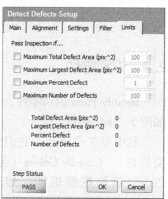

图2-181 检查缺陷规格设置

图 2 - 182、图 2 - 183 所示为检查缺陷实例。首先采集图像，然后进行模式匹配，找到一个特征，再根据此特征建立坐标系，接下来检查缺陷，并且根据建立的坐标系进行结果判断，图 2 - 182 所示为 PASS 情况，图 2 - 183 所示为 FAIL 情况。

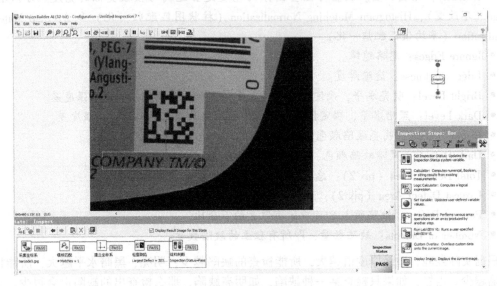

图 2 - 182 检查缺陷实例通过

图 2 - 183 检查缺陷实例未通过

2.9 识别零件

Identify Parts 识别零件，此选板中主要就是物体分类与字符识别、条码读取等函数。其选板如图 2 - 184 所示。

其中有 7 个函数，它们分别是 Read/Verify Text（读取/验证字符）、Classify Objects（分类物体）、Classify Colors（分类颜色）、Read 1D Barcode（读取一维条码）、Read Data Matrix Code（读取数据矩阵二维条码）、Read QR Code（读取 QR 矩阵式二维条码）和 Read PDF417 Code（读取 PDF417 堆叠式二维条码）。其中字符识别、条码识别是基于光学字符识别（OCR）的函数，分类物体是基于形状的函数，分类颜色是基于颜色特征的函数。下面简单了解这些函数的应用。

2.9.1　识读/验证字符（Read/Verify Text）

读取/验证字符，在 ROI 中读取字符，并且比较读出的字符与参考字符。通常应用于字符识别中，如印刷品、电子元器件表面丝印等。单击函数后，进入函数配置界面主体，如图 2 - 185 所示。

在图 2 - 185 中，与其他函数类似，有步骤名、ROI（这里的 ROI 只有常量及前面 ROI 复用选项，没有整幅图像，这是因为 NI 的字符识别只能识别 ROI 中的一行字符，因此通常需要在图像中画一个小范围的 ROI 来识别字符）、改变 ROI 及参考坐标系等，另外还有 Annulus Orientation 环形方向的基线：环形内部线基线、环形外部线基线。这个选项默认是灰色禁用的，这是因为默认情况下 ROI 工具选择是矩形，如果选择环形 ROI 工具时，此选项将被使能。由此可知，NI 视觉可以识别一个环形中的字符。在选板最下面有一个黄色的感叹号提示："Select a character set file"（选择字符集文件），即需要指定一个 OCR（ *.abc）文件，用于学习识别字符，NI 的字符集是没有内部集成的，需要使用者在实际应用时现场学习。在后面的步骤中，设置好文件后这个提示就会消失。

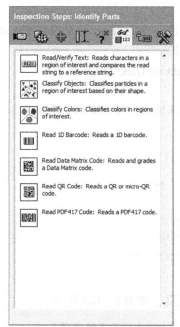

图 2 - 184　识别零件选板

图 2 - 185　读取字符 - 主体

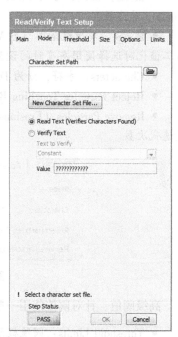

图 2 - 186　读取字符 - 模式

图 2 - 186 所示为模式设置，最上面是 Character Set Path（字符集路径），如果已经有现成的字符集，单击右边的文件浏览按钮选择即可，如果没有则需要单击"New Character Set File…"（新字符集文件）按钮，来设置新的字符集文件。单击此按钮后，进入字符集训练向导，如图 2 - 187 所示。

OCR 训练向导和 VBAI 的界面布局非常类似，左上角是菜单栏、快捷工具栏；中间大部分区域是图像预览与操作选择区域；左下角是参数设置区域；右上角是训练字符集、编辑字符集区域。下面重点看一下参数设置区域与训练区域，如图 2 - 187 所示。

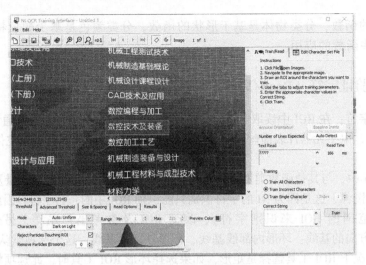

图 2-187　OCR 训练向导

图 2-188 所示为阈值设置，字符识别也需要阈值设置，即需要指定字符是白底黑字还是黑底白字、需要指定使用什么模式来识别字符以及其他如字符连接边界的处理等。其中的参数解释如下。

● Mode：模式，分为 Fixed Range（固定范围）、Uniform（均匀）、Linear（线性）和 Non Linear（非线性）。

● Range：灰度级范围，当 Mode 使用 Fixed Range（固定范围）时，Range 将变得可用，其与二值化时选择使用灰度时的设置类似。Range 下面是灰度柱状图。

● Characters：字符，分为 Dark on Light（白底黑字）和 Light on Dark（黑底白字）。

● Reject Particles Touching ROI：拒绝接触 ROI 的微粒。

● Remove Particles（Erosions）：移除微粒（腐蚀），即使用腐蚀方法移除微粒，后面的参数是迭代次数。

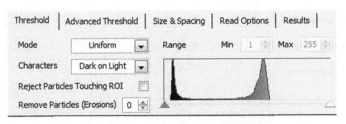

图 2-188　OCR 训练向导阈值设置

高级阈值，针对阈值使用一些高级设置，以加快字符读取速度，如图 2-189 所示。

● Threshold Limits：阈值极限，有 Lower Value（较低值）、Upper Value（较高值）。
● Blocks：块大小。
● Optimize for Speed：优化速度，勾选此复选框，可以提高速度。
● Bi modal Calculation：Bi 样条运算。

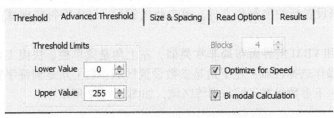

图 2-189　OCR 训练向导高级阈值

设置字符的长和宽以及字符的间隔等，如图 2 - 190 所示。

- AutoSplit：自动分割。
- Bounding Rect Width：外接矩形宽（Min 为最小值，Max 为最大值）。
- Bounding Rect Height：外接矩形高（Min 为最小值，Max 为最大值）。
- Character Size：字符大小（Min 为最小值，Max 为最大值）。
- Min Char Spacing：最小字符间隔，即检测到的字符外的红框间隔。
- Max Element Spacing（x/y）：x/y 方向最大元素间隔。

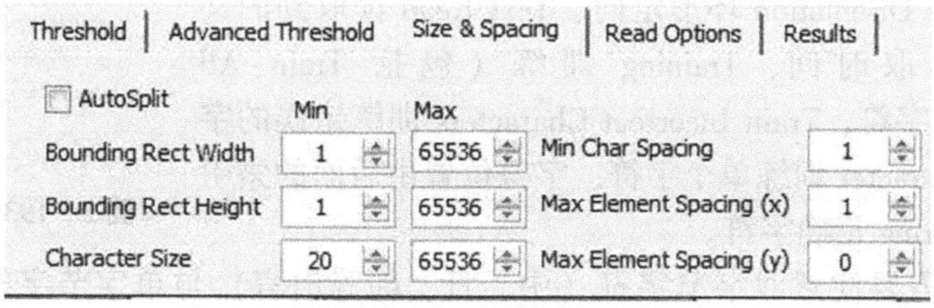

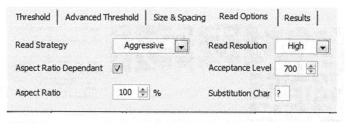

图 2 - 190　OCR 训练向导大小间隔

读取选项设置如图 2 - 191 所示，可以设置以下参数。

- Read Strategy：搜索策略，Aggressive 为主动、Conservative 为保守。
- Aspect Ratio Dependant：长宽比依赖。
- Aspect Ratio：长宽比。
- Read Resolution：读取分辨率，High 为高、Medium 为中等、Low 为低。
- Acceptance Level：接受水平，同分值类似的参数。
- Substitution Char：代替字符，即未有字符集时，使用何字符来代替。默认为"？"。

| Threshold | Advanced Threshold | Size & Spacing | Read Options | Results |

Read Strategy	Aggressive ▾	Read Resolution	High ▾
Aspect Ratio Dependant	☑	Acceptance Level	700 ⬍
Aspect Ratio	100 ⬍ %	Substitution Char	?

图 2 - 191　OCR 训练向导读取选项

OCR 训练时读取到的字符的数据，如类别、左、上、宽、高、大小、类别分值和校验分值等，如图 2 - 192 所示。

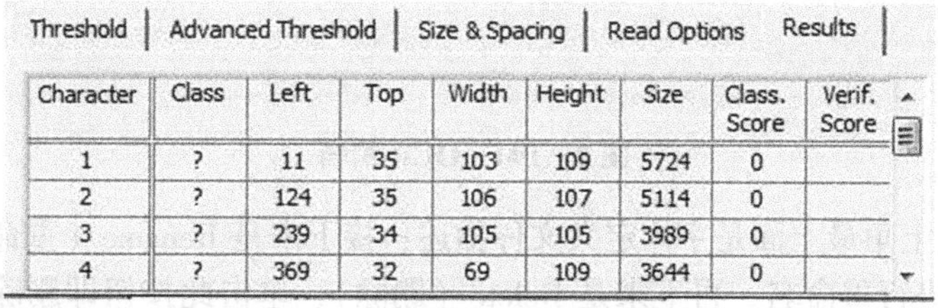

| Threshold | Advanced Threshold | Size & Spacing | Read Options | Results |

Character	Class	Left	Top	Width	Height	Size	Class. Score	Verif. Score
1	?	11	35	103	109	5724	0	
2	?	124	35	106	107	5114	0	
3	?	239	34	105	105	3989	0	
4	?	369	32	69	109	3644	0	

图 2 - 192　OCR 训练向导结果

图 2 - 193 所示为 OCR 训练界面。

- Click File Open Image：点击文件打开图像。

- Navigate to the appropriate image：定位适当的图像。
- Draw an ROI around the characters you want to train：在我们感兴趣的字符外画一个 ROI。
- Use the tabs to adjust training parameters：使用左下角的选项卡高速训练参数。
- Enter the appropriate character values in Correct String：输入适当的字符值在 "Correct String 当前字符" 中。
- Click Train：单击 Train 训练。

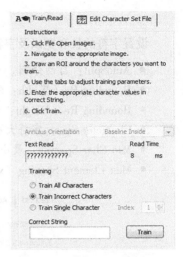

图 2-193　OCR 训练界面

下面是 Annulus Orientation 环形定向、Text Read 读取到的文字、Read Time 读取时间、Training 训练（包括 Train All Characters 训练所有字符、Train Incorrect Characters 训练错误的字符、Train Single Character 训练单个字符，字符位置由后面的索引指定）和 Correct String 正确字符。

训练字符时，需要注意双字节字符（中、日、韩等语言）与单字节字符（数字与西文）。双字节的字符，一次只能训练一个字符，即如果一个 ROI 中有许多个字符，那么只能使用 Train Single Characters 才能正确训练。当然，如果读取的字符数与输入的字符字节数一样也可以训练，但是那样会不正确。例如，识别 "数控技术及装备" 7 个字符，如果也输入 "数控技术及装备"，那么训练不出结果，会有数量不匹配的警告对话框，如果输入 "数控技术" 4 个字符，那么可以训练，但这时的字符只有 4 个，又是错误的，当然可以输入 7 个数字或英文状态下的字母，那样也能训练出来，但并不是需要的。因此，当训练中文时，要么一次只框选一个字符，框选多个字符后，进行单个训练。训练好字符后，单击 "Edit Character Set File"（编辑字符集文件）选项卡，可以对已经训练的字符进行编辑，如图 2-194 所示。

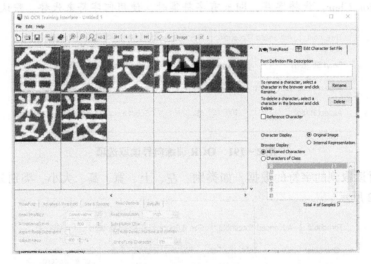

图 2-194　OCR 编辑

图 2-194 中左上角最上面是字体定义文件描述；接下来是 Rename（重命名），单击此按钮可以对选择的字符进行重命名；再下来是 Delete（删除），单击此按钮即删除选择的字符训练；Reference Character 为参考字符，参考已训练字符，通常选择所有字符然后参考；Character Display（字符显示），包含 Original Image（原始图像）、Internal Representation（内部表示（即黑白图像））；Browser Display（浏览显示）用于显示左边的字符控制，可以显示所有训练字符，也可以指定显示某个字符（显示单个字符时，在右边可以选择需要显示的字符，并且给出了当前

字符使用的样品数；Character Histogram（字符直方图）用于显示字符训练样品数的直方图以及一些控制工具，如放大、拖放等。图2-195左边大部分内容都是显示当前训练的字符。字符训练好后，再来选择"Train/Read"选项卡。

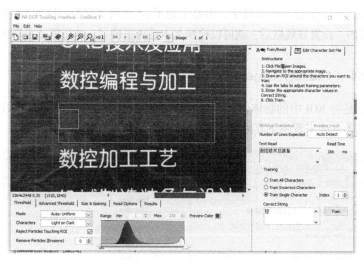

图2-195 字符训练效果

训练好字符集后，在"File"菜单中选择"Save Character Set File"（保存字符集文件）命令，然后关闭字符训练，返回读取/验证字符界面，如图2-196所示。

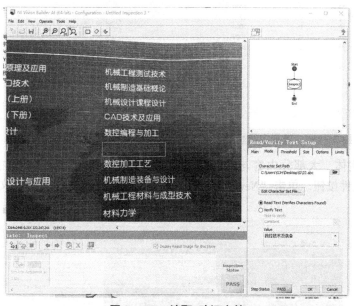

图2-196 读取/验证字符

从图2-196中可以看到，Character Set Path中已经有字符集路径了。可以单击右侧的文件浏览按钮选择其他字符集文件，也可以单击下面的"Edit Character Set File"（编辑字符集）按钮编辑字符集。再往下面是一个二选一的字符验证方式，"Read Text（Verifies Characters Found）"为读取文字（在字符集文件中核对找到的字符）；"Verify Text"为核对文字，通过"Text to Verify"用于指定使用什么字符源来核对，可以使用常量（需要注意双字节字符问题），也可以使用前面步骤得到的结果等。通常使用第一项，即使用字符集进行核对。"Threshold"（阈值）选项卡、"Size"（大小）选项卡、"Options"（选项）选项卡与字符集训练中的类似，这里不再过多介绍，只介绍一下"Limits"选项卡，如图2-197所示。

读取字符的规格设置与其他函数大同小异，检查通过的条件有文本等于、文本包含、最小核对值和最小分类值。从图 2 - 196 中可以看到，在第一列的"Char"中，看到的并不是"数控技术及装备"，而是许多个（24 个）"乱七八糟"的字符，这些字符是在"Option"选项卡中的 Use Text Pattern 选项指定的。本来这里只有 12 个中文汉字，但是出现了 24 个西文字符，这就是 VBAI 对双字节字符的不完全支持造成的。设置好规格后，就可以检测文本是否正确了，这里就不再举例。

2.9.2 分类物体（Classify Objects）

分类物体，就是将 ROI 中的物体进行分类，物体分类的原理与读取字符函数类似，也需要使用一个分类器文件。下面来看一下其配置。单击函数后，进入主体界面，如图 2 - 198 所示。

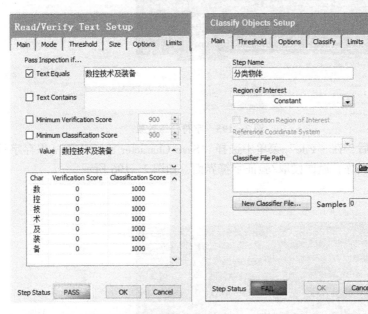

图 2 - 197 读取字符规格设置　　图 2 - 198 分类物体主体界面

分类物体的主体，大部分内容与其他函数类似，仅多了一个分类器文件路径浏览与创建（编辑）分类器文件按钮。单击"New Classifier File"按钮，进入创建分类器文件配置界面，如图 2 - 199 所示。

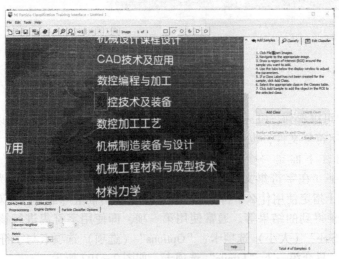

图 2 - 199 分类器训练向导

从图2-200中可以看到,分类器训练与字符集训练类似,先看一下参数选项卡中的预处理。

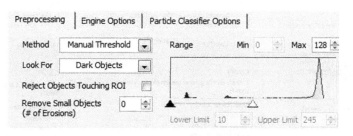

图2-200 分类器训练预处理

预处理中,可以看到许多常用的参数,如阈值方法、查找类别、拒绝接触ROI的目标、去除小目标以及范围与灰度直方图等,这里不再详细解释。再看引擎选项,如图2-201所示。

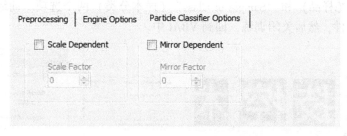

图2-201 分类器训练引擎选项

引擎选项中,只有一个方法(有最小邻域、K-最小邻域-联合K一起使用、最小中值距离)和度量(最大值、总和、欧几里德几何)。再看粒子分类器选项,如图2-202所示。

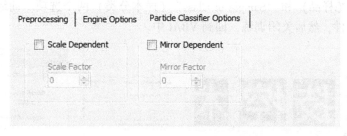

图2-202 分类器训练粒子分类器选项

粒子分类器选项中,有比例相关(指定比例因子)、镜像相关(指定镜像因子)两个参数。这两个参数都是用于分类样本的,下面来看如何添加样本,如图2-203所示。

添加样本与字符训练中类似,也有一个指导,其大概意思是先打开图像(如果是从VBAI中调用的,会直接有图像;字符训练、分类器训练、模板学习等软件都是可以单独运行的,可以在开始→程序→National Instruments→Vision中寻找到,所以,这里有打开图像一项),然后在需要添加的样品上画一个ROI,调整参数,在分类表中选择恰当的分类(如果没有时,可以单击"Add Class"按钮添加分类),然后单击"Add Sample"按钮添加样本,当然也可以单击"Delete Class""Rename Class"按钮删除与重命名分类表中的类别。

单击"Classify"(分类)选项卡,如图2-204所示,分为两大类,一个是Train(训练)、一个是Classify(分类)。如果某个类别还没有训练过,而在Train Classifier右边会出现一个黄底黑字的感叹号,并提示"Training required"(需要训练),单击"Train Classifier"按钮,则会训练,并出现图2-205所示的效果。

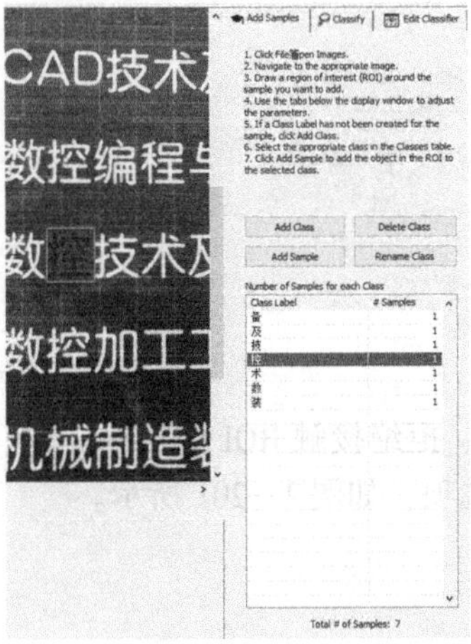

图 2 – 203　分类器训练添加样本 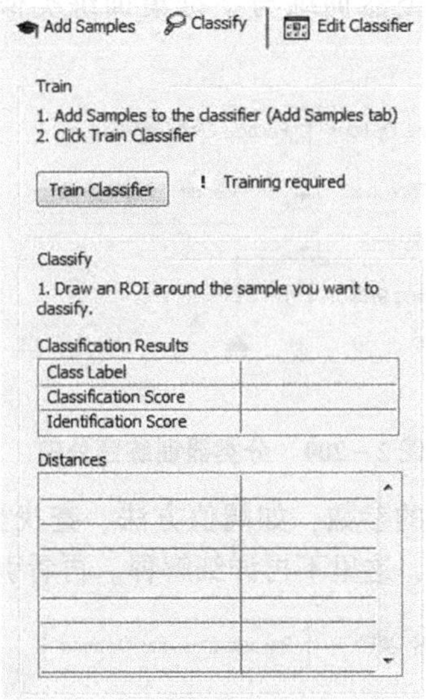　　　图 2 – 204　分类器训练分类训练前 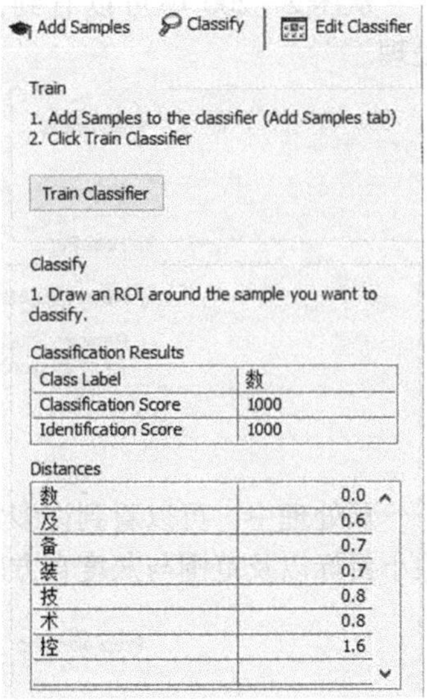　　　图 2 – 205　分类器训练分类训练后

在图 2 – 205 中可以看到分类中有许多显示参数，如"Class Label"（分类标签）、"Classification Score"（分类分值）、"Identification Score"（识别分值）和"Distances"（距离）等。

图 2 – 206 所示为编辑分类器选项卡，单击此选项卡后，向导界面区域显示了训练的样本，选项卡的内容从上到下分别是"Classifier File Description"（分类器文件描述）、"Relabel"重新定义标签（在训练样本中的模式下角有一个标签，如果需要改变这个标签，单击此按钮即可更改），Delete 按钮用于删除选择的样本图像，"Browser Display"（浏览显示）中有"All Trained Samples"（所有训练样品）和"Sample of Class"（样本分类）两个选项。训练好样本后，保存训练结果为 . clf 文件，然后关闭训练，回到 VBAI 中。

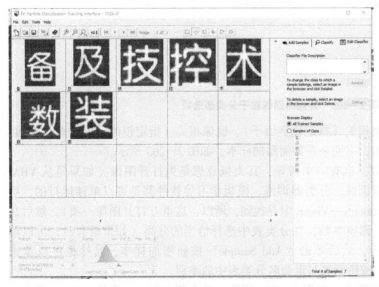

图 2 – 206　分类器训练编辑分类器 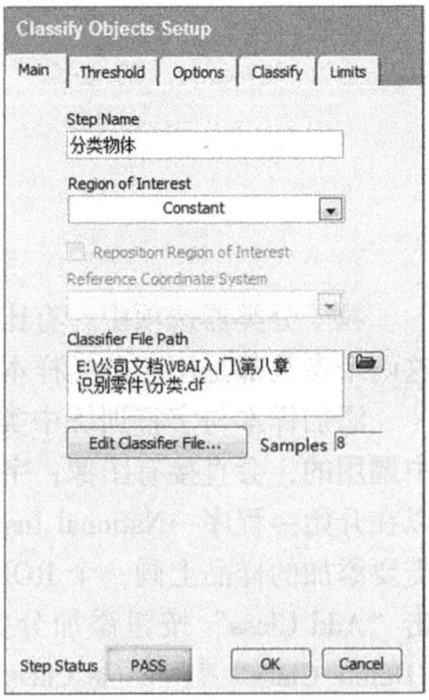　　　　　　图 2 – 207　分类物体主体

图 2 – 198 与图 2 – 207 有所不同，分类器文件路径中有分类文件路径，下面的"New Classifier File"也变成了"Edit Classifier File"，"Samples"中显示了分类器文件中的样品数。其他的选项卡，如 Threshold（阈值）、Options（选项）、Classify（分类）等选项卡中的内容，与分

类器训练向导中的参数类似，这里不再叙述。再了解一下规格，如图2-208所示。

规格设置主要是针对数量进行设置，图2-208中上部分是规格设置，下部分是分类器给出的分类结果，如果满足，则步骤状态显示PASS；否则显示FAIL。

图2-209展示了一个分类物体的实例，可以看到，图中将分类器中的样本分类出来，并且还有4个Other，Other就是分类器中没有的样本，在实例中表现为"数"字的一点，"控"字的两点，"术"字的一点和"装"字的一点，由此可见，分类器是基于粒子的，如果是独立的粒子，则会被识别为一个类别。

图2-208 分类物体规格设置

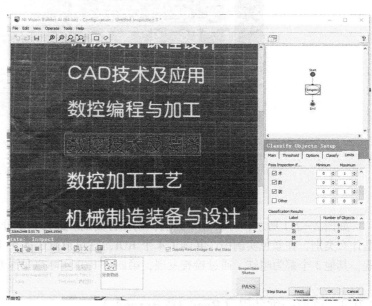

图2-209 分类物体实例

2.9.3 分类颜色（Classify Colors）

分类颜色与分类物体类似，使用方法也类似，仅仅有些参数不一样，训练界面如图2-210所示。

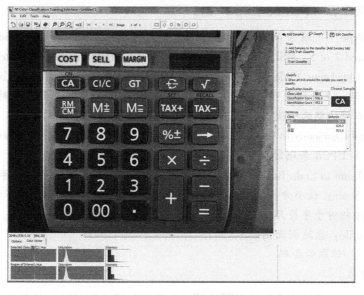

图2-210 分类颜色训练

从图 2 - 211 中可以看到，分类颜色的参数只有 Option（选项）和 Color Vector（颜色向量）。颜色向量中分为上、下两部分，上面的部分为选择类别的颜色向量（Hue 色调、Saturation 饱和度、Intensity 强度），下面的部分为 ROI 中的颜色向量。

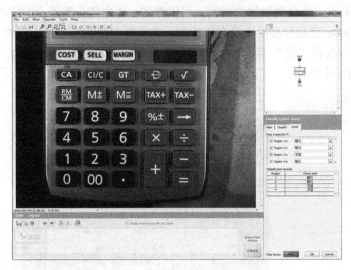

图 2 - 211　分类颜色实例

如图 2 - 211 所示，每个 ROI 只能识别一种类别。因为它是分析 ROI 中的颜色向量来决定其是什么类别，在颜色实例中，共画了 4 个 ROI，这里设置了 4 个 ROI 的规格，第三个 ROI 为深蓝，其他 3 个都为暗红，通过检查发现，第四个 ROI 实际也是深蓝，因此步骤状态为 FAIL。

2.9.4　读取一维条码（Read 1D Barcode）

读取一维条码。很多时候都会遇到产品上有条码需要识别的情况。一般条码可以使用条码枪来识别，如商场等，但是这样做速度很慢。因此，在机器视觉里也有条码识别，而且可以识别多种编码方式的条码。因此，其可以为工业自动化带来非常大的便利性。下面就来具体看看读取条码的函数。单击 Read 1D Barcode 函数，进入读取一维条码界面主体，主体与其他函数一样，不再介绍。先来看一下设置，如图 2 - 212 所示。

- Barcode Type：一维条码类型，包含 Codabar、Code 39、Code 93、Code 128、EAN 8、EAN 13、Interleaved 2 of 5、MSI、UPCA、Pharmacode、GS1 DataBar（RSS Limited）等格式。
- Optional Checksum Coded：选择校验和代码。当条码类型是 Codabar、Code 39 或 Interleaved 2 of 5 时，在条码中可能包含这样的一个校验和代码，但是大多数时候是不包含的，如果包含那么可以将这些选项使能。
- Add Special Characters to Code Read：添加专用字符到条码中。当使用 Codabar、Code 128、EAN 8、EAN 13 和 UPCA 条码时，可以使用此选项添加专用字符。
- Add Checksum to Code Read：添加校验和到条码。使能时，将添加校验和到条码代码中。
- Minimum Score：最小分值。条码有效的最小值。范围为 0～1000。为了计算分值，函数会权衡竖条和间隔相对于字符尺寸的错误。
- Region Profile：区域剖面图。
- Code Read：读取的条码。
- Score：分值。

读取条码时，最好能够事先知道条码格式，如果不知道条码格式，就只能一个一个地尝试了，二维条码也是如此。

规格设置很简单，只有两个选项：一个是完全等于某个字符串，另一个是包含某个字符串。设置好后就完成了读取一维条码函数的参数规格，如图2-213所示。

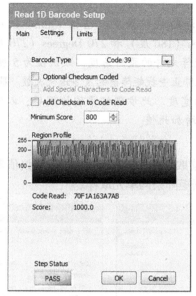 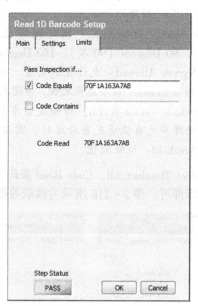

图2-212　读取一维条码设置　　　　图2-213　读取一维条码规格

2.9.5　读取数据矩阵二维条码（Read Data Matrix Code）

读取数据矩阵二维条码。读取二维码与一维条码类似，不过二维码的每个类型都是独立成一个函数的。这里只介绍读数据矩阵码，其他的QR码、PDF417码就不详细解释了，因为它们基本类似或更简单些。单击读数据矩阵码函数，进入主体，可参考其他函数。先来看一看Basic基本选项和Adv. Search高级选项，如图2-214、图2-215所示。

这两个选项有下面的参数可供设置。

- Suggest Value?：建议值是多少？使能时，步骤给出建议值来联合控制。
- ECC：错误检查与校验。指定用于数据矩阵的错误检查与校验方案。有下面一些方案可供使用，即Auto-detect（自动检查）、ECC 000、ECC 050、ECC 080、ECC 100、ECC 140、ECC 000-140、ECC 200。
- Shape：矩形的形状。有Square（正方形）、Rectangle（长方形）可选。
- Matrix Size：指定读取矩阵的尺寸。有自动检查、9*9、10*10、…、144*144等。
- Barcode Polarity：条码极性。指定矩阵中数据和背景的对比。有Auto-detect（自动检查）、Black On White（黑数据在白背景上）、White On Black（白数据在黑背景上）可供选择使用。
- Min Barcode Size（pixels）：最小条码尺寸（像素）。指定矩阵在图像中的最小像素尺寸。
- Max Barcode Size（pixels）：最大条码尺寸（像素）。指定矩阵在图像中的最大像素尺寸。
- Min Border Integrity %：最小完整性边界百分比。找到模型（步骤期望的数据矩阵）的最小百分比。在定位相位期间，函数将忽略可能的矩阵候选者，这些候选者没有达到最小的边界完整性百分比。
- Return Grading Results：是否返回分级结果。
- Deselect/Select All：禁用、使能所有建立值复选框。
- Code Read：读取条码显示。

- Suggest Values：建议值。单击此按钮后，那些建议值复选框被勾选的参数将是最佳值。
- Quiet Zone Width：单调区域宽度。指定单调区域的最小像素尺寸。步骤将忽略那些单调区域小于此值的数据矩阵候选者。
- Aspect Ratio：矩阵的长宽比。
- Rotation Mode：旋转模式。指定矩阵允许的旋转角度。包括 Unlimited（无限制）、0 Degrees（0 度）、90 Degrees（90 度）、180 Degrees（180 度）和 270 Degrees（270 度）。
- Skew Degrees Allowed：允许歪斜角度。矩阵允许的歪斜角度，默认值为 5 度。
- Maximum Iterations：最多迭代次数。步骤在停止查找矩阵前的最多迭代次数。默认值为 150。
- Initial Search Vector Width：初始搜索方向宽度。此步骤经平均协调后，以便定位一个边缘的像素。当矩阵单元有低填充百分比时，需要增加此值。
- Edge Threshold：边缘阈值。

其他的 Select/Deselect All、Code Read 条码读取显示、Suggests Values 建议值等与基本选项卡中相同，参考即可。图 2-216 所示为读取数据矩阵条码单元取样。

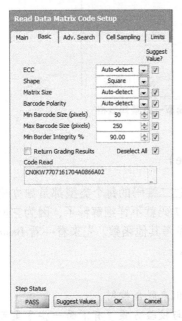 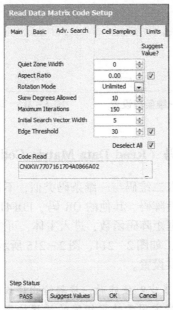 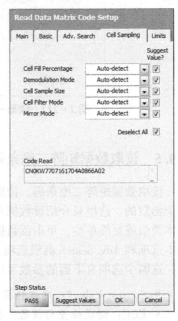

图 2-214　读取数据矩阵二维码　　图 2-215　读取数据矩阵二维码　　图 2-216　读取数据矩阵条码
　　　　　基本选项　　　　　　　　　　　　高级选项　　　　　　　　　　　　单元取样

- Cell Fill Percentage：单元填充为"On 开状态"百分比。有 Auto-detect（自动）、<30%（小于 30%）和 >=30%（大于或等于 30%）。
- Demodulation Mode：解调模式。模式用于确定数据矩阵中哪些单元是开的，哪些单元是关的。可用的解调模式有：Auto-detect（自动检测），函数将试图使用每个解调模式，并且使用译码数据矩阵时用最少的迭代次数和最小的错误纠正数量的模式；Histogram（直方图），函数使用矩阵的所有单元的直方图来计算一个阈值，这个阈值用于决定某个单元的开和关，这种方法是最快速的，但需要图像有均的对比度；Local Contrast（局部对比），函数检查每个单元的邻域来决定单元的开和关。这种方法比较慢，但并不需要很均匀的对比度；Combination（组合），函数使用矩阵的直方图计算一个阈值，对于那些像素值远低于或远高于此阈值的单元，函数使用阈值来决定单元是开还是关，而对于那些像素值接近于阈值的单元，函数使用局部对比度来决定单元的开关状态，这种方法比较慢，但对处理的图像可以有极低的单元填充百分比或显著的打印增长错误；All（所有），函数最先使用直方图，然后使用局部对比，再使用组合，使用一种模式成功时中断。

● Cell Sample Size：单元取样大小。有 Auto-detect、1 * 1、2 * 2、3 * 3、4 * 4、5 * 5、6 * 6、7 * 7 等几种大小，其中自动检测时试图使用每个取样大小，然后使用其中最小迭代次数和最小错误纠正的取样大小来对数据矩阵解码。

● Cell Filter Mode：单元滤波器模式。函数使用模式来决定每个单元的像素值。注意如果单元取样大小为 1 * 1，每个单一的样本像素总是决定单元的像素值。下面这些操作是可用的。

➤ Auto-detect（自动检测），函数尝试所有滤波器模式并且使用其中迭代次数最小、错误纠正最小的滤波器来解码数据矩阵。

➤ Average（平均值），函数设置单元的像素值为样本像素的平均值。

➤ Median（中值），函数设置单元的像素值为样本像素的中值。

➤ Central Average（中心平均值），函数设置单元的像素值为样本中心像素的平均值。

➤ High Average（高平均值），函数设置单元的像素值为样本像素的一半高值的平均值。

➤ Low Average（低平均值），函数设置单元的像素值为样本像素的一半低值的平均值。

➤ Very High Average（极高平均值），函数设置单元的像素值为样本像素的 1/9 高值的平均值。

➤ Very Law Average（极低平均值），函数设置单元的像素值为样本像素的 1/9 低值的平均值。

➤ All Filters（所有滤波器），函数尝试所有滤波器模式，从平均值开始，到极低平均值结束，其中解码成功时中断。

● Mirror Mode：镜像模式。指定矩阵在图像中出现的方式，有普通或镜像。有下面模式可用，即 Auto-detect（自动检测）、Normal（普通模式）和 Mirrored（镜像模式）。

设置好这些参数后，再设置规格，如图 2 - 217 所示。

规格设置同读取一维条码类似，也只有条码等于和条码包含两种方式。另外，还有一些关于条码的结果信息显示出来。下面来看一个条码的读取实例，如图 2 - 218 所示。

图 2 - 217　读取数据矩阵规格

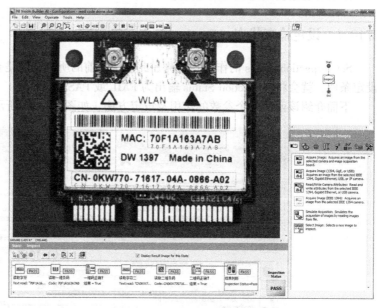

图 2 - 218　读取条码实例

图 2 - 218 中有一个一维条码和一个二维数据矩阵码，首先采集图像，然后读取字符——一维条码的明码，再读取一维条码，然后比较条码明码和条码是否相等，相等则通过，否则失败；同样接下来先读取二维码的明码，再读取二维码数据，比较两者是否相等，相等则通过，否则失败；最后判断结果，任一步骤失败，则整个测试失败。

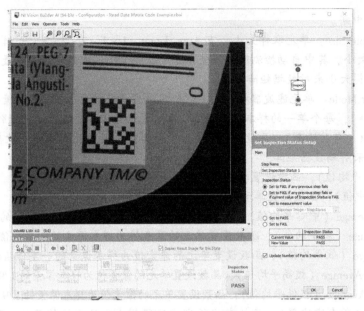

图 2-219 二维码扫描

条码中还有 QR Code、PDF417 Code，这些二维码与数据矩阵二维码类似，这里就不讲解了，有兴趣可以自己了解一下。

2.10 附加功能

附加功能选板如图 2-220 所示。

2.10.1 设定检查状态（Set Inspection Status）

Set Inspection Status 的作用是检测在此步骤之前的所有步骤是否有达到设定条件，如果达到设定条件，就会将 Inspection Status 输出为 FAIL 或 PASS。

下面介绍该函数各个参数的作用及设定方法，如图 2-221 所示。

图 2-220　附加功能选板　　　　图 2-221　设置检测结果面板

- Step Name：设定该步骤的名字。
- Set to FAIL if any previous step fails：当先前所有步骤中的一个状态检测错误时，则将 Inspection Status 输出为 FAIL。

如图 2-222 所示，先前的一个步骤状态为 FAIL，则将整个 Inspection Status 设置为 FAIL。

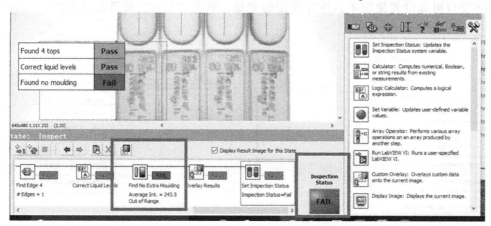

图 2-222 判断结果

- Set to FAIL if any previous step fails or if current value of Inspection Status is FAIL：如果先前的步骤状态检测错误或本步骤的当前状态错误，则设置为 FAIL。
- Set to measurement value：只测量选定状态的值，测量值可设定为各个先前步骤的状态，如图 2-223 所示。

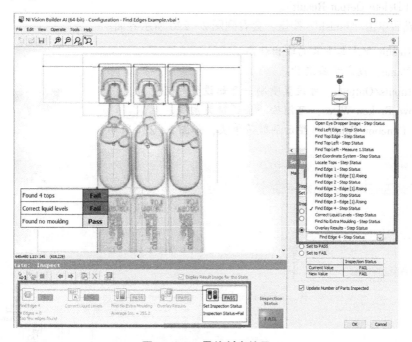

图 2-223 最终判定结果

- Set to PASS：始终将 inspection status 设置为 PASS。
- Set to FAIL：始终将 inspection status 设置为 FAIL。
- Update Number of Parts Inspected：是否更新检查的零件数量。

2.10.2 计算器（Calculator）

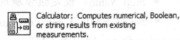
Calculator: Computes numerical, Boolean, or string results from existing measurements.

单击之后会出现图 2 - 224 所示窗口。

在本窗口可以设置使用本函数要使用的变量，单击"Next"按钮会出现图 2 - 225 所示界面。

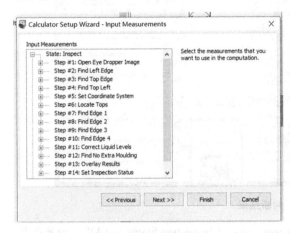

图 2 - 224 计算图表

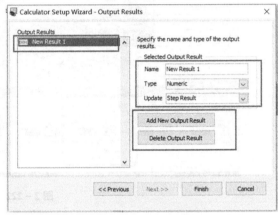

图 2 - 225 函数变量

可定义使用本函数要用到的输出变量，右边的参数即可设置输出量的名字（Name）、类型（Type）、输出更新状态（Update）、增加一个新输出量（Add New Output Result），还可以删除一个新输出量（Delete Output Result）。

设置完成后单击"Finish"按钮，会看到图 2 - 226 所示界面。

- Step Result 即为本步骤的输出状态。
- Step Name：设定步骤名称。
- Edit Inputs/Outputs：可设置刚刚一开始设置的变量。
- Remove Broken Wires：可消除一条逻辑关系线。
- Show Function Palette：显示函数菜单块，如图 2 - 227 所示。

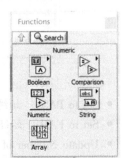

图 2 - 226 添加完成后的变量

图 2 - 227 函数菜单块

- Boolean 函数块：可进行与、或、非等逻辑运算。
- Comparison 函数块：可进行比较运算，如最大值或最小值、if 条件选择。
- Numeric 函数块：可进行数学运算与添加数值，如数学函数及加减乘除。
- String 函数块：可进行 string 字符串操作，如数据类型转换、时间日期表示。
- Array：可进行数组操作，如添加一维、二维数组。

Calculator 的 Measurement 选项卡：

这里会显示所有设置的变量，如图 2-228 所示，分别有刚刚添加的两个变量与 Step Result。Limits 菜单栏如图 2-229 所示。

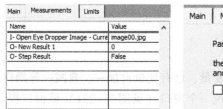

图 2-228　菜单栏

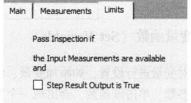

图 2-229　限度菜单栏

可设置该步骤状态的触发条件，如果勾选"Step Result Output is True"复选框，则本步骤的状态会一直为 True。

"Logic Calculator"设置参数如图 2-230 所示。

- Step name：设置本步骤的名字。
- Operands 选项组：在本选项组下设置好两个参数的逻辑关系，单击"Add"按钮即可添加进"Expression"列表中。
- Source：设置变量来源，即指定所用变量。
- Measure：要进行运算的参数，即选的变量参数。
- Constant：设置常数。它的作用是：当运算式只有一个对象时，即不需要第二个对象来进行计算时，就选中 Constant 作为一个对象，Constant 为可设置常数，Constant 的值为 True 或 False。

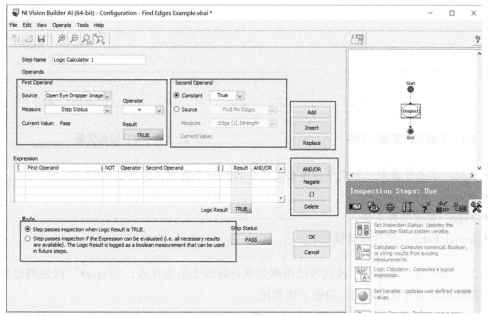

图 2-230　逻辑运算步骤

当需要第二个操作对象时，选中 Source，即可设置第二个对象的参数，设置方法与第一个对象一样。

- Operator 可设置两个对象的运算关系，如等于、大于、小于、大于或等于……
- Add：将运算式添加进表达式中。
- Insert：将运算式插入两个运算式中间。
- Replace：将运算式替换成当前所设置完成的运算式。
- AND/OR：与/或运算。

2.10.3　设置变量函数（Set Variable）

其作用是可对变量进行设置，如添加变量、已有变量自加一、自减一等操作。

下面介绍其参数。单击该函数，会出现一个窗口（见图 2 - 231）该窗口提示使用该步骤需要创建用户变量（User-defined Variable），单击"确定"按钮会进入建立检测变量对话框（Variable Manager），如图 2 - 232 所示。

Inspection Variables 选项卡：建立检测变量。

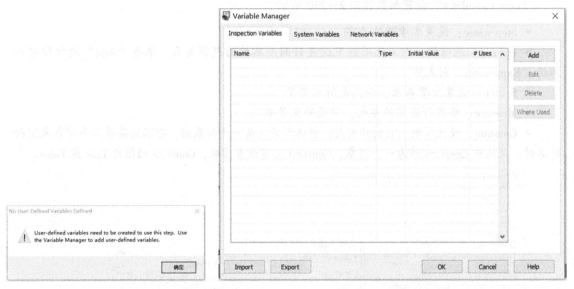

图 2 - 231　创建用户变量提示框　　　　　　图 2 - 232　建立检测变量

- Add：单击可添加一个变量，单击之后会出现一个窗口，如图 2 - 233 所示。
- Name：变量名称。
- Type：变量数据类型。
- Initial Value：变量初始值。

图 2 - 234 中的"Import"按钮可以将事先准备好的变量表导入，"Export"按钮则是将现有在本页面创建好的变量表导出，以便下次使用。

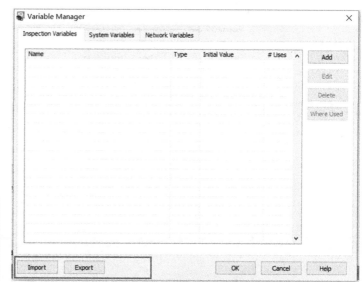

图 2 - 234　变量初始值

图 2 - 233　添加变量

"System Variables" 选项卡：建立系统变量，如图 2 - 235 所示。

"Built-In System Variables" 选项中的是已存在的系统变量，这些变量默认存在，无须建立。

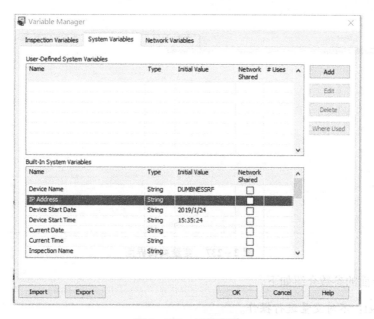

图 2 - 235　系统变量

建立系统的方法同 Inspection Variable 建立方法一致，不再赘述。

Network Variables 选项卡：建立网络变量。

Refresh：刷新变量表，建立网络变量的方法同 Inspection Variables 建立方法一致，如图 2 - 236 所示。

这里建立 3 个变量，初始值分别为 0、5、0，数据类型为 numeric，建立完成后，单击 "OK" 按钮，进入变量编辑界面，如图 2 - 237 所示。

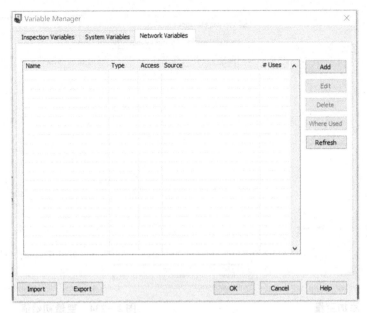

图 2 - 236　网络变量

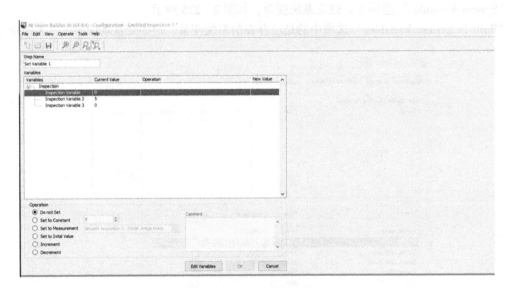

图 2 - 237　变量编辑界面

变量编辑界面的参数介绍如下。

- Do not Set：不对变量进行操作。
- Set to Constant：将变量的值设置为一个常数，如 0、1、2。
- Set to Measurement：将变量的值设置为先前步骤所获取的数据，如坐标。
- Set to Initial Value：设置变量的初始值。
- Increment：对变量进行加一操作。
- Decrement：对变量进行减一操作。
- Edit Variables：单击可进入 Variable Manager 界面。

接下来将变量 1 进行 Set to Constant 操作，如图 2 - 238 所示。

将变量 2 进行 Decrement 操作，如图 2 - 239 所示。

变量 3 进行 Increment 操作，如图 2 - 240 所示。

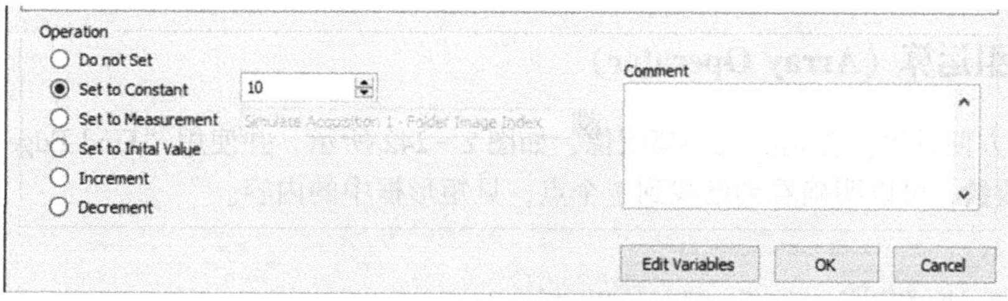

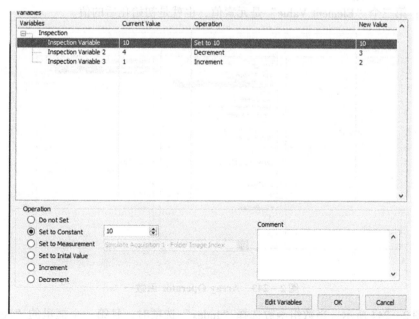

图 2 - 238　变量 1 编辑界面

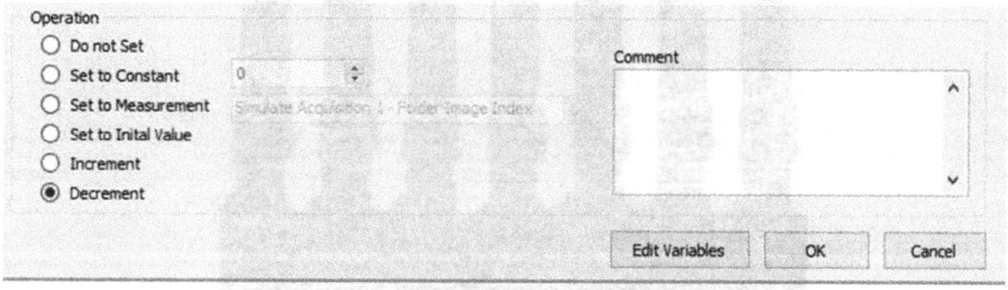

图 2 - 239　变量 2 编辑界面

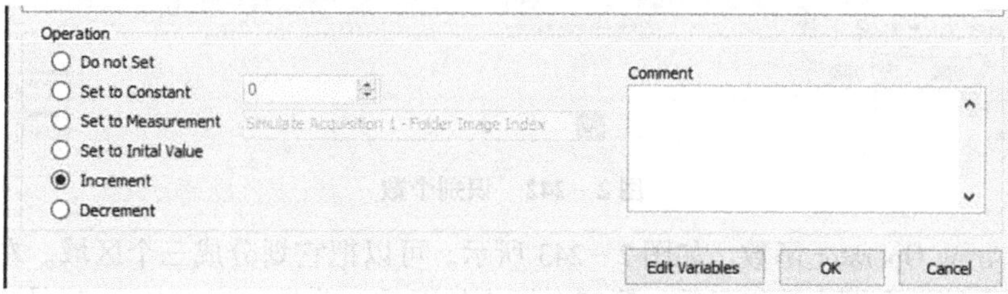

图 2 - 240　变量 3 编辑界面

设置完成后单击"OK"运行一遍，再打开变量编辑界面可看到结果，如图 2 - 241 所示。

图 2 - 241　变量编辑界面

2.10.4　数组运算（Array Operator）

1）为了方便讲解，首先引入一幅图像，如图 2-242 所示，并使用"Find Edges"函数测量图上的针脚数量，可以明确看到已找到 7 个点，见矩形框中的内容。

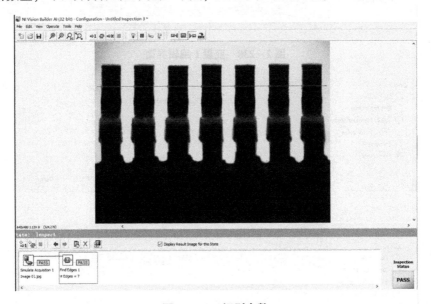

图 2-242　识别个数

2）添加 Array Operator 函数，如图 2-243 所示。可以把它划分成三个区域。左边第一个矩形框为处理前，第二个框为数组函数，第三个框为处理后。首先"Step Name"是步骤名。这里主要来看第二个框里的内容——数组函数。"Initialize"是初始化，可以看到它有 3 个参数。第一个"Element Data Type"是元素数据类型，有数字、布尔、字符串 3 种；第二个"Array Size"是数组大小；第三个"Element Value"是元素值，也就是初始化后的值。

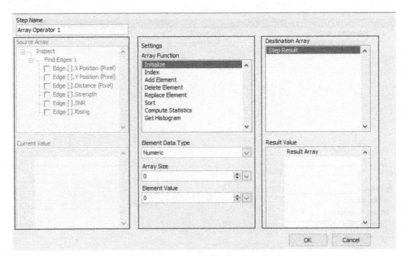

图 2-243　Array Operator 函数一

3）如图 2-244 所示，当数组函数选择"Index"选项时，且第一个框里的"Source Array"列表框里选择的是长度参数，"Current Value"列表框就会显示当前值。那么看到第二个框里的

Index 只有一个参数，即"Element Index"，其实就是元素指标，如现在的"Current Value"中只有 7 个元素，所以"Element Index"数字框中选了 1~7 才有效。

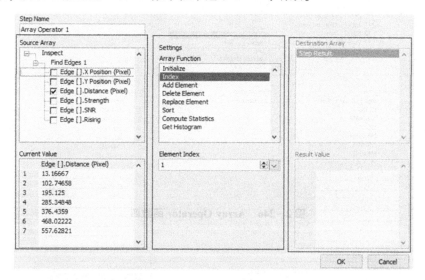

图 2 - 244   Array Operator 函数二

4）如图 2 - 245 所示，当第二个框里的"Array Function"列表框中选择"Add Element"时，其实就是增加元素。它有两个参数："Element Index"是增加元素的位置，如图中选的是"Last Element"，那么可以很直观地看到第三个框里的"Result Value"多了第八个元素，当然也加其他位置；"Element Value"则是新增元素的值，如图中现在是 0，所以第八个元素的值为 0。

5）如图 2 - 246 所示，"Delete Element"和"Add Element"差别不大。"Delete Element"是删掉一个，它只有一个参数"Element Index"，这里选的是"Last Element"，意为删除最后一个。如第三个框里的 Result Value 只显示了 6 个元素。

6）如图 2 - 247 所示，第五个"Replace Element"为替换元素。它有两个参数：第一个"Element Index"也是值位置，意为可以替换 1~7 中的任意一个；第二个"Element Value"为替换值。此处是替换第一个且替换值为 0。第三个框里的"Result Value"已经很明确表示出来了。

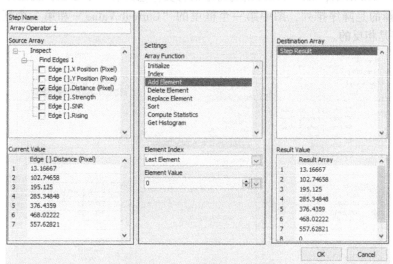

图 2 - 245   Array Operator 函数三

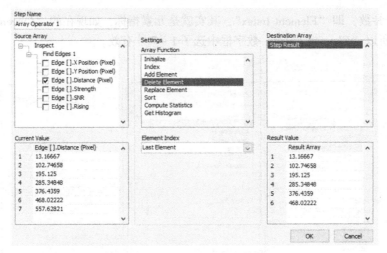

图 2-246   Array Operator 函数四

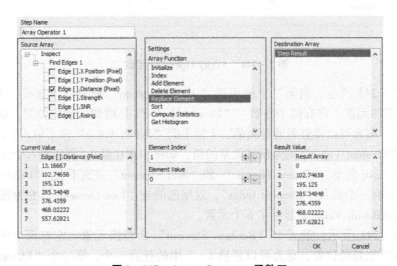

图 2-247   Array Operator 函数五

7）如图 2-248 所示，Sort 可以理解为排序的种类。它只有一个参数，就是升序排列或降序排列。这里选择的是降序排列，图中第一个框里的"Current Value"和第 3 个框里的"Result Value"的排序是相反的。

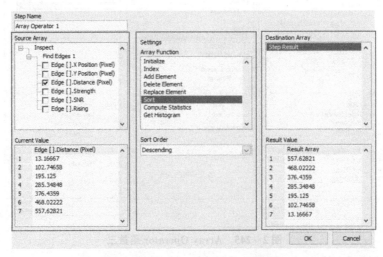

图 2-248   Array Operator 函数六

8）如图2-249所示，"Compute Statistics"是计算一些值，它有10个参数："Array Size"是求数组的大小；"Minimum"是求最小值，"Maximum"是求最大值，"Sum of Values"是求总和值、"Standard Deviation"是求标准差，"Root Mean Square（RMS）"是求均方根，"Mean"是求平均值，"Median"是求中值，"Mode"是位置测量函数，意思是求数组中出现最多次数的元素，"Variance"是求方差。在此步骤可能看不到运算后的结果，可以使用Custom Overlay函数在视图窗口中显示。

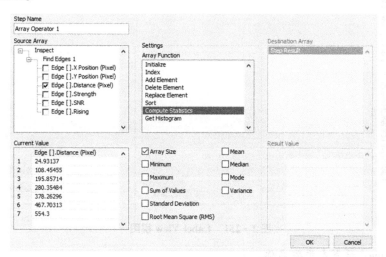

图2-249 Array Operator 函数七

9）如图2-250所示，"Get Histogram"是获取直方图。它有3个参数："Number of Bins"有"Automatic Number of Bins"和"Enter Numeric Value"选项；"Histogram Type"有"Count"和"Percentage"两个选项；"Specify Range"是指定范围，勾选后可以填写最小值和最大值。

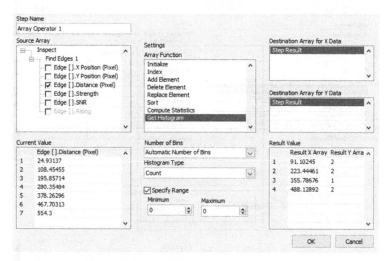

图2-250 Array Operator 函数八

2.10.5 运行函数（Run Label View VI）

它的作用是：可以将事先编写好的Label View的VI程序导入，并且运行。
单击该函数，出现图2-251所示的窗口。

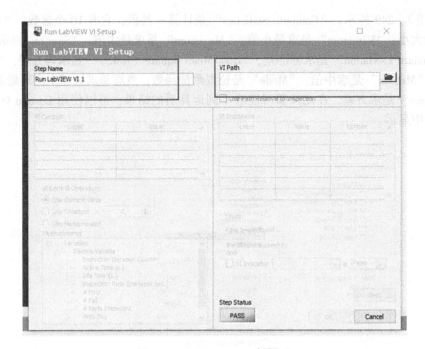

图 2 - 251　Label View 视图一

- Step Name：设置本步骤名称。
- VI Path：使用该函数，需指定一个 VI 程序的路径来进行导入。

可以选择 ni vision 软件中自带的 Vision Builder AI 2015 \ Examples \ Graph Chocolate. vi 的程序，可以设置其 VI 控制条件，这个控制条件在后面的案例中会用到，如图 2 - 252 所示。

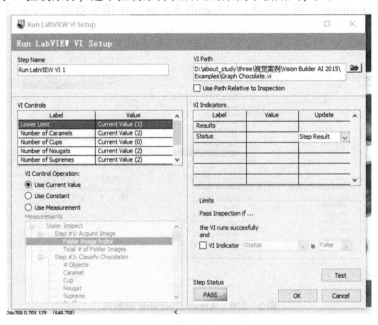

图 2 - 252　Label View 视图二

- VI Indicators：可以设置其状态指标触发条件。

完成后单击 "OK" 按钮。

这里不再打开 VI 程序，而是直接使用软件自带案例 Vision Builder AI 2015 \ Examples \ Run

LabVIEW VI Example. vbai

在本案例中，单击"运行"按钮，可以看到图2-253所示结果。

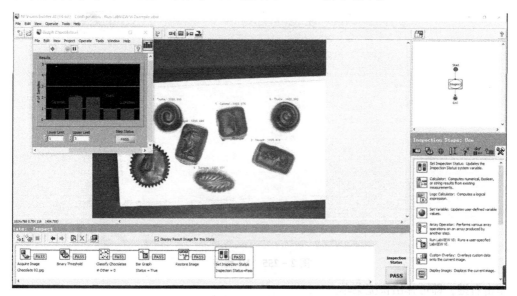

图2-253 运行结果

图2-253中名为"Graph Chocolate. vi"的窗口就是使用函数 Run LabelView VI 中导入程序 Graph Chocolate. vi 计算的结果。

- Lower Limit：设定最低下限值。
- Upper Limit：设定最高上限值。

图2-253中的5个对象皆在1~3的范围内，这时状态显示为PASS。

下面切换图片再尝试一下，如图2-254所示。

图2-254 运行结果

发现第二张图片的第四个对象数量为0，不在1~3的范围内，所以状态显示为FAIL。

单击 File 菜单中的 New VI 命令，就可以自己建立一个 VI 程序，如图 2-255 所示。

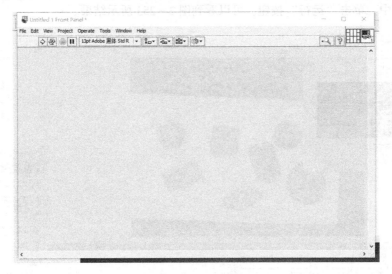

图 2-255　VI 程序

单击右键，即可弹出快捷菜单。

回到弹窗 Graph Chocolate. vi 窗口，单击 Windows 菜单下的 Show Block Diagram 命令，即可查看本程序框图，如图 2-256 所示。

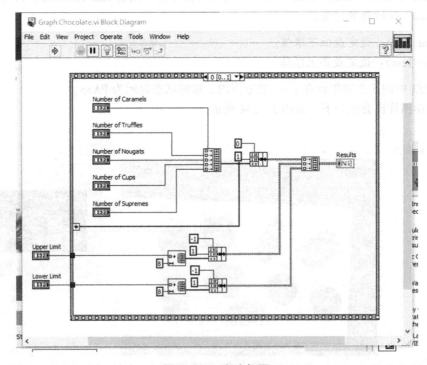

图 2-256　程序框图

2.10.6　自定义覆盖（Custom Overlay）

1）Custom Overlay 一般用来显示数据，若在某些步骤视图窗口上显示处理的数据，这样可以方便后续的工作，如图 2-257 所示。单击后如图 2-258 所示。可以看到"Step Name"，这里还是为填写步骤命名。往下看有"Exisiting Overlays",其中"Keep Existing Overlays"是保持函数处理后的框架(如感兴趣区域或寻找边缘等);而"Clear Existing Overlays"则与前面相反,是清除函数处理后的框架(如感兴趣区域或寻找边缘等);"Only Clear Existing Overlays if…"是可设置某个步骤的某个状态达到后再清理函数处理后的框架(如感兴趣区域或寻找边缘等)。下面是"Custom Overlay",这是管理数据显示的,"Add Custom Overlay"是不管任何状况都会在此步骤显示预先设定的数据;"Only Add Custom Overlay if…"可以设置某个步骤的某个状态达到后才显示预先设定的数据。

2)添加数据。图2-259所示为可以真正把数据显示出来的地方。从中可以直观地看到第一排有9个工具,它们分别是:Selection Tool,相当于鼠标,是用来选择别的工具或想恢复至鼠标状态;Point Tool是创建点的;Line Tool是创建直线的;Rectangle Tool是创建矩形框架的;Rotated Rectangle Tool是创建可以旋转的矩形;Oval Tool是创建椭圆框架;Image Tool是用来显示图片的。前面所讲的7个工具相对于第8、第9个会操作简单些,所以下面着重看后面的两个。

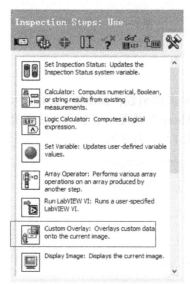

图2-257 Custom Overlay

图2-258 Custom Overlay 设置

图2-259 添加数据

① Indicator Tool:如图2-260所示,它用来显示状态值。当单击该按钮后需先在视图窗口创建一定的区域,用来显示状态值。那么往下看有个"Overlay Elements",它显示的是当前正在处理的工具。再往下有"Top Left Point",用于更改数据显示的位置,默认是User-Defined,这是不能改的,意思为自定义,右边有X、Y,可以通过值来改变数据显示的位置。再往下是长、宽的设置,Value可以选择某一步骤的检查状态来决定是显示True还是False。再往下则是文本设置,如状态为True或False时显示的文本,颜色也可在此更改。

② Text Tool:如图2-261所示,它和Image Tool差别不大,只不过Text Tool可以显示具体的数据。着重看Text部分,这里输入的任何值都可在视图窗口上显示,那么再看Text颜色图标,单击此按钮可将前一些步骤的相关参数添加至Text列表框中,如某个步骤的状态或者模板匹配产生的坐标、数量参数等。

3)层管理。如图2-262所示,它显示所添加的工具,可以对其层进行管理或删除,如Text1在Text2上方。

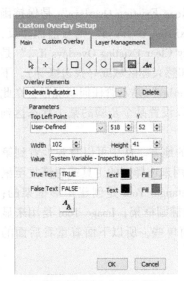

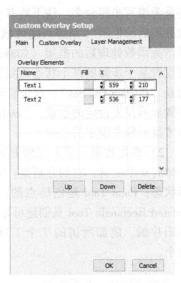

图 2 - 260　显示状态值　　　　图 2 - 261　Text 设置　　　　图 2 - 262　层管理

2.10.7　显示图像（Display Image）

此函数较为简单，如图 2 - 263 所示，主要显示当前图像。单击该函数，如图 2 - 264 所示"Step Name"还是步骤名的定义。"Display Images"选项组中"Always"则是一直显示，后面两个选项则是一个检查状态为 PASS 时显示，另一个则是检查状态为 FALL 时显示。

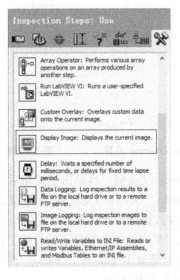

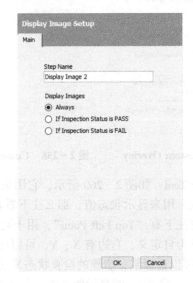

图 2 - 263　Display Image　　　　　　图 2 - 264　Display Image

2.10.8　延时（Delay）

此函数也比较简单，如图 2 - 265 所示。它的作用就是延时和倒计时，大家可以根据实际情况设定相应的延时时间。如图 2 - 266 所示，"Step Name"为此步骤名的定义；"Delay"被选中后，则此函数的作用就是延时，时间单位为 ms，现象就是执行到此步骤后会停留预先设定的时间；当"Fixed Time Lapse"被选中后，则是倒计时，现象是执行到此步骤后开始从预先设定时间倒计时。

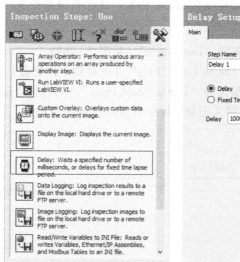 

图2-265　Delay（延时）　　　图2-266　Delay（延时）设置

2.10.9　数据日志记录（Data Logging）

它主要用于对本地硬盘上的文件或远程 FTP 服务器的日志进行检查，如图2-267所示。当完成一个案例时，可以将检查的数据用文本导出。

在步骤选项卡中单击"Data Logging"（数据日志），打开后的界面如图2-268所示。

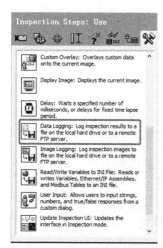 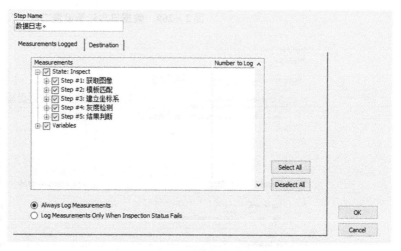

图2-267　数据日志记录　　　　　图2-268　数据日志记录设置一

数据日记记录操作如图2-269、图2-270所示。

- Step Name：定义步骤名。

在"Measurements Logged"（测量记录）中选择要记录的测量值。

- Select All：全选。
- Deselect All：取消全选。

选择的触发记录条件：

- Always Log Measurements：每次检查都会进行记录。

● Log Measurements Only When Inspection Status Fails：只有当检查结果不合格时就会进行记录。

单击"Measurements Logged"右侧的"Destination"（见图 2 - 269）。

在"Log Location"中可以选择"Log to Local Drive"（保存到本地硬盘）或者"Log to FTP Server"（保存到 FTP 服务器中），这里选择"Log to Local Drive"，然后在"Local Path"里定义各文件夹存放路径，在"File Name"定义记录中保存名字（见图 2 - 270）。

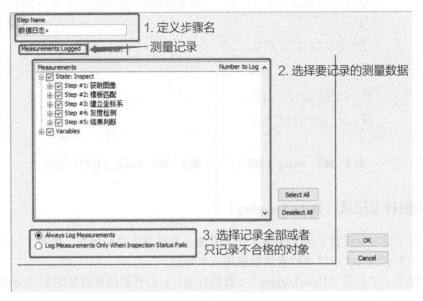

图 2 - 269　数据日志记录设置二

图 2 - 270　数据日志记录设置三

● File Type：选择保存的文件类型。
● Log as a Background Task：记录作为后台运行。
● Log Settings：记录配置。
● Single File：建立单个文件。
● Multiple Files：建立多个文件。

- Start a New File Every：多少时间建立一个新的文件。
- Overwrite any files（s）created prior to this inspection before logging data：覆盖检查之前数据建立的任何文件。

最后单击“OK”按钮即可。

单击循环运行按钮（见图2－271）后，在之前保存的文件夹中会出现文本，它就是数据日志记录（见图2－272）。

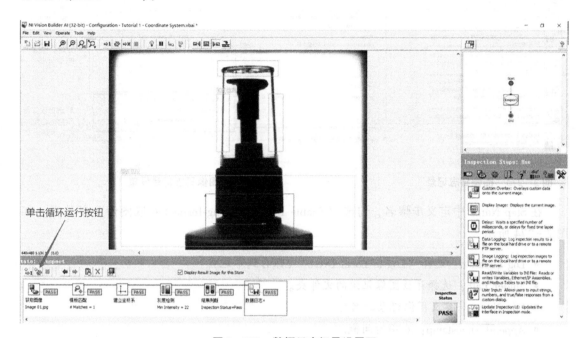

图2－271 数据日志记录设置四

检查日志.txt - 记事本

文件(F) 编辑(E) 格式(O) 查看(V) 帮助(H)

State Name Inspect Inspect Inspect Inspect Inspect Inspect Inspect Inspect Inspect Inspect Inspect Inspect Inspect Inspect
Step Name 获取图像 获取图像 获取图像 获取图像 获取图像 模板匹配 模板匹配 模板匹配 模板匹配 模板匹配 模板匹配 建立坐标系 灰度检
Result Name Step Status Current Image Path Current Image Name Folder Image Index Total # of Folder Images Step Status
Units pix pix

Iteration	Date	Time	Time (milliseconds)	Status			
0	2019/1/21	22:52:28	524	Fail	Pass	C:\Users\Public\Documents\National Instruments\Vision Builder AI 2015\DemoImg\Tutorial 1\Image 05.jpg	Image 05.jpg
0	2019/1/21	22:52:28	748	Fail	Pass	C:\Users\Public\Documents\National Instruments\Vision Builder AI 2015\DemoImg\Tutorial 1\Image 05.jpg	Image 05.jpg
0	2019/1/21	22:52:28	975	Fail	Pass	C:\Users\Public\Documents\National Instruments\Vision Builder AI 2015\DemoImg\Tutorial 1\Image 05.jpg	Image 05.jpg
0	2019/1/21	22:52:29	193	Fail	Pass	C:\Users\Public\Documents\National Instruments\Vision Builder AI 2015\DemoImg\Tutorial 1\Image 05.jpg	Image 05.jpg
0	2019/1/21	22:52:29	411	Fail	Pass	C:\Users\Public\Documents\National Instruments\Vision Builder AI 2015\DemoImg\Tutorial 1\Image 05.jpg	Image 05.jpg
0	2019/1/21	22:52:29	638	Fail	Pass	C:\Users\Public\Documents\National Instruments\Vision Builder AI 2015\DemoImg\Tutorial 1\Image 05.jpg	Image 05.jpg
0	2019/1/21	22:52:29	838	Fail	Pass	C:\Users\Public\Documents\National Instruments\Vision Builder AI 2015\DemoImg\Tutorial 1\Image 05.jpg	Image 05.jpg
0	2019/1/21	22:52:30	237	Fail	Pass	C:\Users\Public\Documents\National Instruments\Vision Builder AI 2015\DemoImg\Tutorial 1\Image 05.jpg	Image 05.jpg

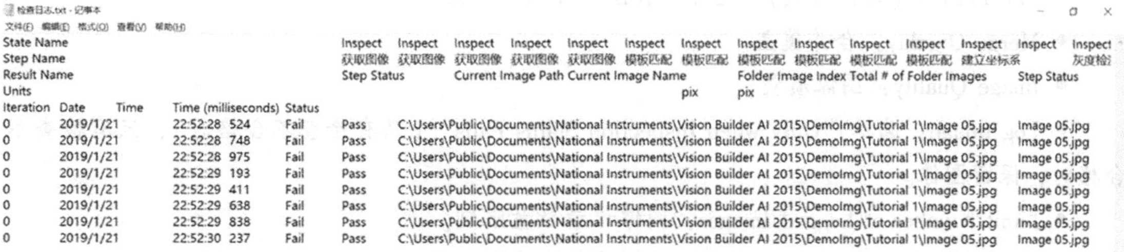

图2－272 数据日志记录设置五

2.10.10 图像日志记录（Image Logging）

将图像记录到本地硬盘上或远程FTP服务器上。

前面讲了保存检查的数据，这里讲保存检查的图像。

在步骤选项卡中选择“Image Logging”（图像日志记录）（见图2－273）。

单击后打开，如图2－274所示。

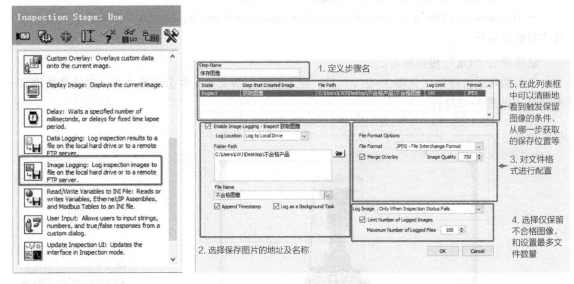

图 2 - 273　图像日志记录　　　　　　　图 2 - 274　图像日志记录设置

在 Step Name 中定义步骤名，勾选 "Enable Image Logging-Inspect 获取图像" 复选框，如图 2 - 274 所示。

- Log Location：选择 "Log to Local Drive"（保存到本地）。
- Folder Path：选择存放图像记录的文件夹。
- File Name：定义图像记录的名称。
- Append Timestamp：启用时间戳。
- Log as a Background Task：作为后台任务。
- File Format（文件格式）：选择 "JPEG"（图片格式）。
- Merge Overlay：合并覆盖。
- Image Quality：图像质量。
- Log Image：选择 "Only when Inspection Status Fails"（只有检查不合格时），只有检查不合格时，保留图像。
- Limit Number of Logged Images：图像记录数量限制。
- Maximum Number of Logged Files：记录文件最大数量。

当前表格显示已经配置的内容如下。

- State：状态。
- Step that Created Image：创建图像的步骤。
- File Path：文件路径。
- Log Limit：记录限制。
- Format：格式。

最后单击 "OK" 按钮就完成整个配置，单击 "循环运行"（见图 2 - 275）。

打开保存图像的文件夹就可以看到不合格图像，如图 2 - 276 所示。

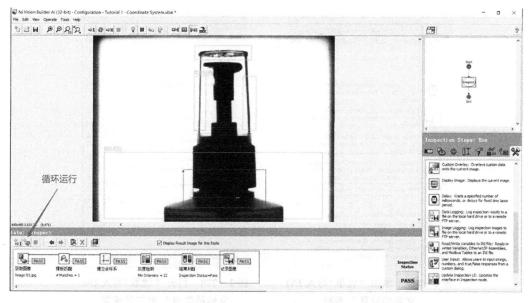

图 2 – 275　循环运行

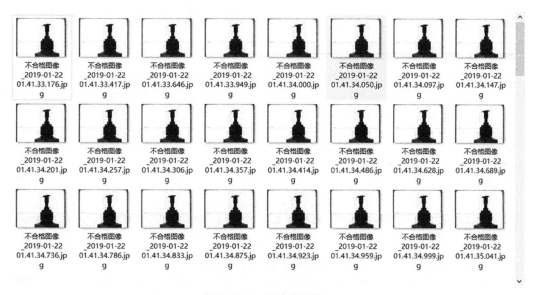

图 2 – 276　不合格图像

2.10.11　读取/写入 INI 文件的变量（Read/Write Variables to INI File）

读取或写入变量、以太网/TP 组件和 Modbus 表到 INI 文件。在步骤选项卡中找到 "Read/Write Variables to INI File" 并打开，如图 2 – 277 和图 2 – 278 所示。

首先定义 Step Name 步骤名，如图 2 – 278 所示。

- Path to INI File：在计算机中找到相关的 INI 初始化文件。
- Action（动作）：Read/Write（选择读取或者写入变量）。
- Variables Types（变量类型）：选择对应的变量。
- Variables：变量。
- Ethernet/IP Adapter：以太网/IP 配置器。
- Modbus Tables：Modbus 表。

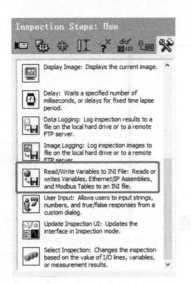

图 2 - 277   单击"读取/写入 INI
文件的变量"函数

图 2 - 278   打开"读取/写入 INI
文件的变量"窗口并设置

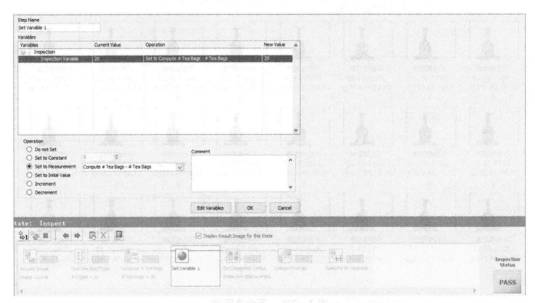

图 2 - 279   读取/写入 INI 文件的变量设置结果

- Discrete Inputs：开关量输入。
- Input Registers：输入寄存器。
- Holding Registers：保持寄存器。

将"Action"设置为"Write"，在变量类型中勾选："Inspection"和"User - Defined System"，完成后建立一个变量，值为检测的数量（见图 2 - 279、图 2 - 280）。

最后运行程序，测量值就写入 INI 文件中，效果如图 2 - 281 ~ 图 2 - 284 所示。

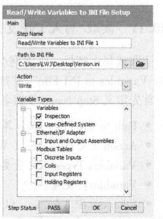

图 2 - 280   读取/写入 INI 文件的变量

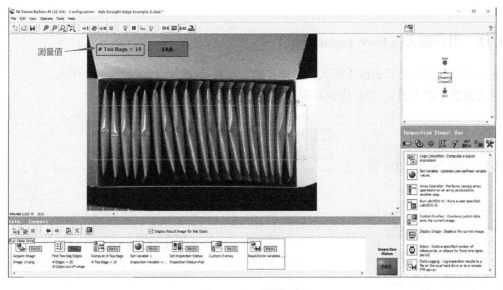

图 2 - 281　测量运行

图 2 - 282　写入 INI 文件的变量

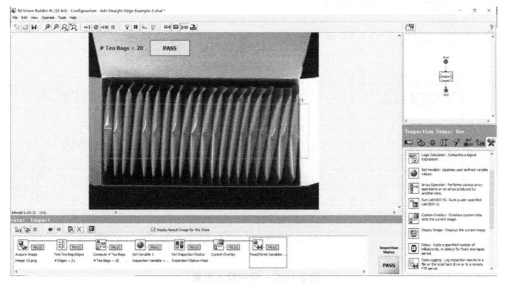

图 2 - 283　运行通过

Version.ini - 记事本
文件(F) 编辑(E) 格式(O) 查看(V) 帮助(H)
[Version]
Option=OrangeApps.myHMI
Version=V1.1.1
Build=31
[VBAI INI Variables]
Inspection Variable=20

图 2 - 284　写入 INI 文件的变量

2.10.12　用户输入（User Input）

允许用户从自定义对话框中输入字符串、数字和真/假响应，如图 2 - 285 所示。
双击函数后进入图 2 - 286 所示界面。

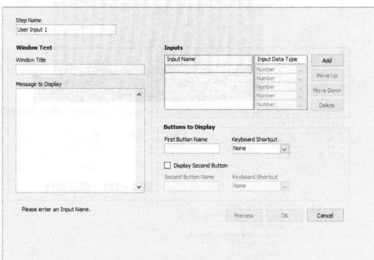

图 2 - 285　选择用户输入　　　　　　　　图 2 - 286　打开用户输入界面

进行用户输入配置，如图 2 - 287 所示。

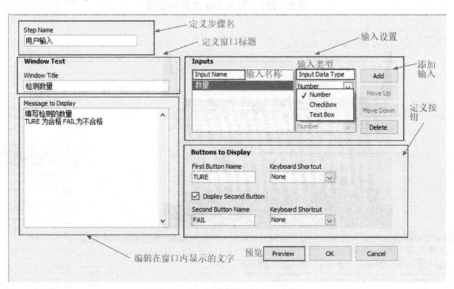

图 2 - 287　用户输入配置

1）需要在 Step Name（步骤名）中定义步骤名。

2）输入 Window Text（窗口文本）内容。

- Window Title（窗口标题）：输入窗口标题。
- Message to Display（窗口信息）：输入窗口需要显示的文字。

3）配置 Inputs（输入）。

- Input Name（输入名称）：定义输入的名字。

- Input Data Type（输入数据类型）：选择数据类型，包括 Number（数字）、Checkbox（检差框）和 Text Box（文本框）。

在右侧有4个按钮，即 Add、Move Up、Move Down 和 Delete。

- Add：可添加输入。
- Move Up \ Move Down：可以将当前选择的输入上移或者下移。
- Delete：可删除当前选择的输入。

4）对 Button to Display（按钮显示）进行配置。

- First Button Name：定义第一个按钮的名称。
- Keyboard Shortcut：定义按钮的快捷键。
- Display Second Button：显示第二个按钮。
- Second Button Name：定义第二个按钮的名称。

最后可单击"OK"按钮确定，或者单击"Preview"按钮预览效果（见图2-288）。

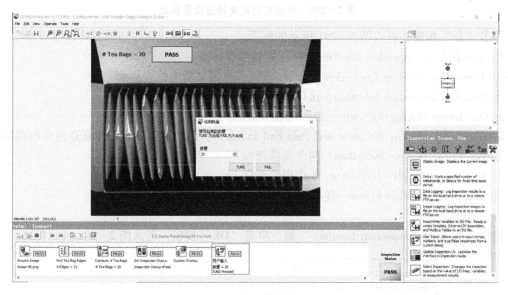

图2-288 检测通过

2.10.13 更新 UI（Update Inspection UI）

更新函数 UI 如图2-289所示。

在检查模式下更新界面，双击进入后会弹出更新窗口（见图2-290），提示未建立自定义检查界面。如果单击"是"按钮，则配置自定义检查接口（见图2-291），单击"否"按钮，则继续使用默认的 Inspection 接口。

图2-289 更新函数 UI　　　图2-290 未建立自定义检查提示界面

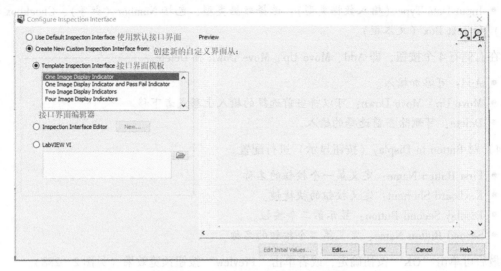

图 2 - 291　未建立自定义检查设置界面

单击"是"按钮，进入图 2 - 291 所示的画面。

1）Use Default Inspection Interface：使用默认检查界面。

2）Create New Custom Inspection Interface from：自定义新的检查界面。

① Template Inspection Interface：接口界面模板。

a. One Image Display Indicator：单图像显示指标。

b. One Image Display Indicator and Pass Fail Indicator：一个图像显示指标和通过失败指标。

c. Two Image Display Indicators：两个图像指标。

d. Four Image Display Indicators：4 个图像指标。

② Inspection Interface Editor：接口界面编辑器。

③ LabVIEW VI。

选中"Template Inspection Interface"后，单击"OK"按钮，进入图 2 - 292 所示界面。

图 2 - 292　接口界面编辑器

1）在 Step Name 中定义步骤名。

2）选择"Inspection Interface Indicators and Controls"中的 Label，并在下面"Operation"中选择相应的值。

- Do not Change Current Value：不修改当前值。
- Set to Constant：设置为常数。
- Set to Measurement：设置为测量值。

3）在右边一侧。

- Edit Inspection Interface：编辑检查界面。
- Show Inspection Interface：展示出检查界面。
- OK：确定。
- Cancel：取消。

单击"Show Inspection Interface"按钮之后会显示出当前图像的检查界面。

最后单击"OK"按钮。

最后结果如图 2-293 和图 2-294 所示。

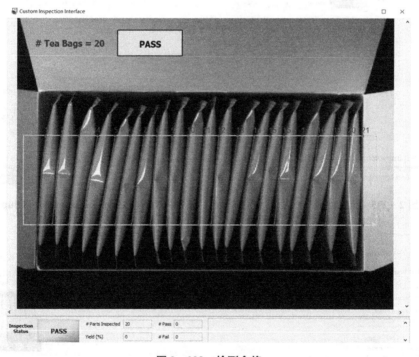

图 2-293　检测合格

2.10.14　选择检查（Select Inspection）

根据 I/O 线、变量或测量结果的值更改检查，如图 2-295 所示。

在菜单栏中选择 View，单击"View Complete Inspection Setup"（查看完整检查装置）命令，如图 2-296 所示。

切换主视图窗口"，如图 2-297 所示。

在"Inspection"选项卡中选择"Select Inspection"，单击"User Inputs"函数（见图 2-298）。

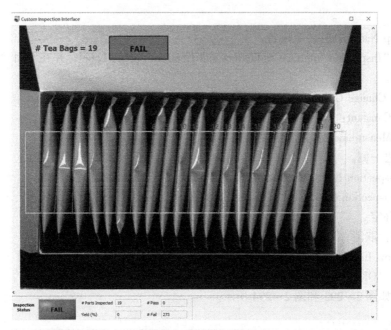

图 2 - 294　检测不合格

Select Inspection: Changes the inspection based on the value of I/O lines, variables, or measurement results.

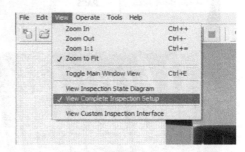

图 2 - 295　选择检查　　　　　　图 2 - 296　单击"View Complete Inspection Setup"命令

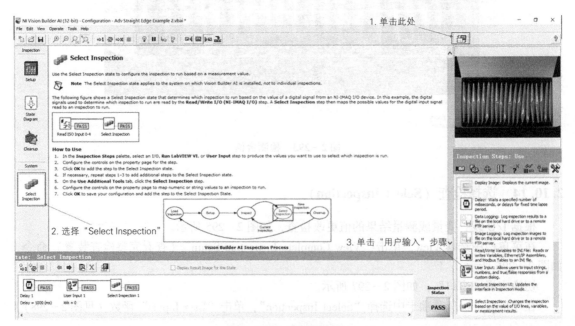

图 2 - 297　主视图窗口

接下来对"用户输入"进行配置，在前面已经讲了有关这个步骤的配置方法，就不再赘述。

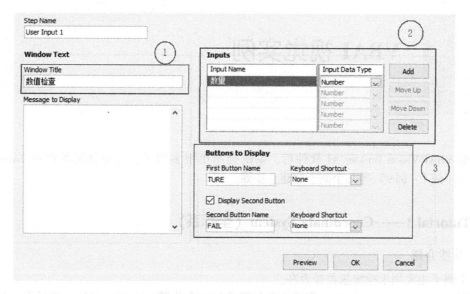

图2-298 对用户输入进行配置

对该步骤进行配置，在"Inspection Table Value"（值检查表）下拉列表框中选择值为前面设置的输入。

在"inspection table"（检查表）列表框中添加检查的值和检查对象。

- Add：添加值和对象。
- Delete：删除值和对象。
- Sort：根据值的大小进行排序。

在"Select Inspection Settings"（选择检查配置）中，对进行检查的值和文件进行配置。

最后单击"OK"按钮即可，如图2-299所示。

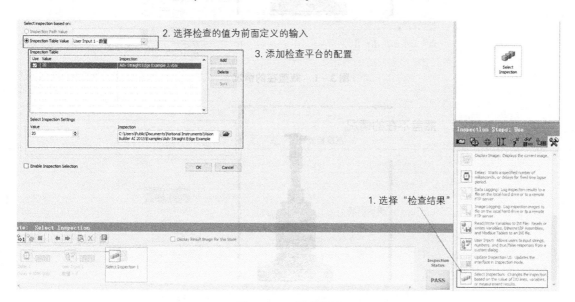

图2-299 检查结果

VBAI 视觉实例

安装 VBAI Vision Builder AI 软件后，系统会给出很多例子，这里就简单讲解 Tutorial 1 ~ Tutorial 9（例 1 ~ 例 9）等几个例子的建立步骤。

3.1 Tutorial 1——Coordinate System（坐标系）

1. 功能介绍

这个例子主要用于检测瓶盖是否在。

从图 3 – 1 和图 3 – 2 中可以看到，这个例子共 4 个步骤：①打开图片；②抓取底座特征；③根据底座特征设置坐标系；④以前面设置的坐标系为参考坐标系检查瓶盖是否存在。

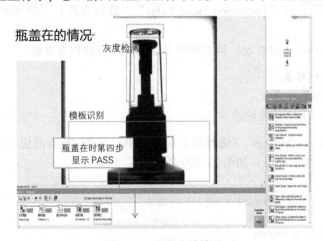

图 3 – 1　瓶盖在的情况

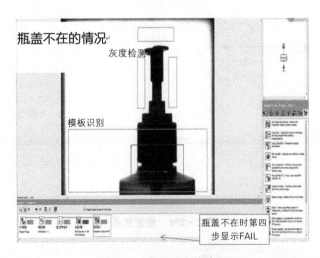

图 3 – 2　瓶盖不在的情况

2.操作步骤

步骤介绍,如图3-3所示。

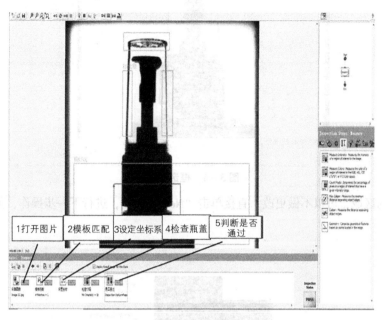

图3-3 步骤介绍

(1)打开图片 图中的路径是图片所在的路径,图片在 VBAI 安装路径下的 DemoImg \ Tutorial1 \ 目录里,如图3-4所示。

(2)抓取特征 抓取特征如图3-5所示。

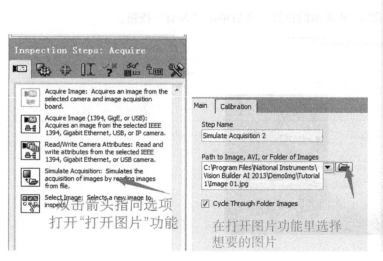

图3-4 打开图片

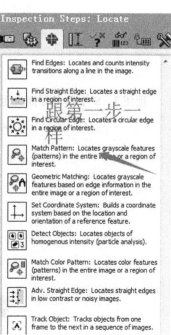

图3-5 抓取特征

用矩形框选工具框选图3-6所示的兴趣区域,框选完成后单击"Next"按钮,进行下一步操作。

图 3 - 6　框选区域

绘制忽略的区域，可以不做更改，直接单击"Next"按钮，进行下一步操作，如图 3 - 7 所示。

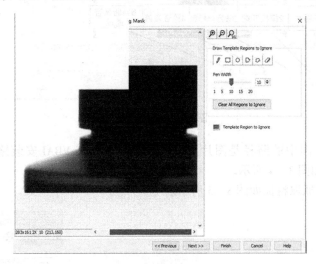

图 3 - 7　绘制忽略区域

把图 3 - 8 中的坐标拖曳至图 3 - 9 所示的位置，然后单击"Next"按钮。

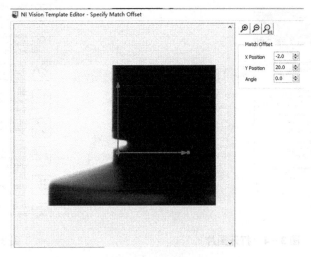

图 3 - 8　移动坐标

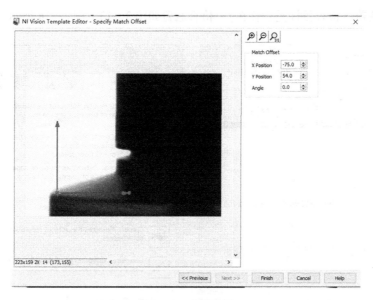

图 3 - 9　放置坐标

"Region of Interest" 为兴趣区域，如果为 "Constant"，就需要对匹配区域进行框选，如果为 "Full Image" 就不需要框选，整幅图像都为匹配区域，在这里直接选择 "Full Image" 即可，如图 3 - 10 所示。

在图 3 - 11 中，"Minimun Number of Matches" 为最小匹配个数，"Maximum Number of Matches" 为最大匹配个数，这里只需要将最小匹配个数设置为 "1"。设置完成之后单击 "OK" 按钮，完成模板创建。

（3）设置坐标系　设置坐标系如图 3 - 12 所示。

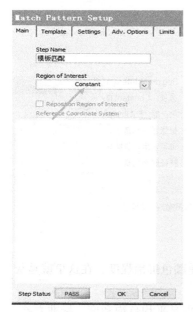

图 3 - 10　兴趣区域

图 3 - 11　匹配参数　　　　图 3 - 12　设置坐标系

图 3 - 12 所示为设置坐标系的选项，设置了这个参考坐标系后，后续的瓶盖检查就能参考这个坐标系进行检查了。

（4）检查瓶盖（检查目标是否存在）　检查瓶盖如图 3 - 13 ~ 图 3 - 18 所示。

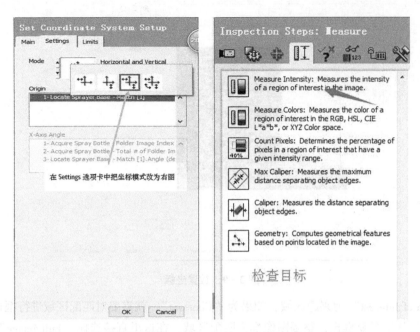

图 3 - 13　选择坐标系　　　　　　　　　图 3 - 14　灰度值

"Main"选项卡设置如图 3 - 15 所示。

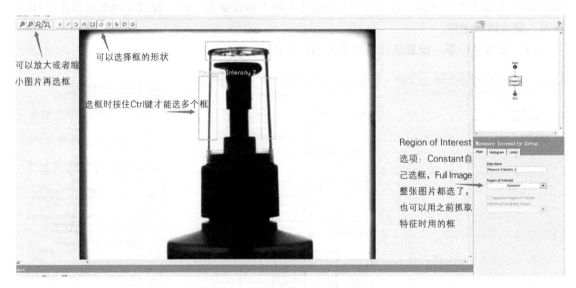

图 3 - 15　"Main"选项卡设置

"Histogram"选项卡设置如图 3 - 16 所示。色饱和度其实就是颜色鲜艳程度，在这里就是灰度了。

"Limits"选项卡设置如图 3 - 17 所示。4 个可以选的限制选项是平均色饱和度、标准方差、最小值和最大值（该顺序是图中从上到下的顺序），在这里选择的是最小色饱和度，要小于 50 且大于 0，在框选的内容都是白色或者不够黑时提示错误。

图 3 - 16 "Histogram"选项卡设置   图 3 - 17 "Limits"选项卡设置

设置完成后就可以运行了，如图 3 - 18 所示。

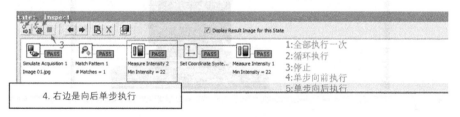

图 3 - 18 运行选项

（5）判断是否通过（检查目标是否存在） 单击图 3 - 19 中的 "Set Inspection Status"（设定敏感状态）函数，以配置检测通过的条件。

试运行，如图 3 - 20 ~ 图 3 - 23 所示。

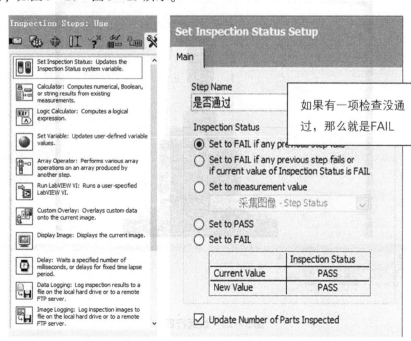

图 3 - 19 设定敏感状态   图 3 - 20 试运行一

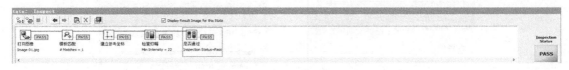

图 3-21 试运行二

图 3-21 中，![执行一次图标]标志为执行一次，![循环执行图标]标志为循环执行，![停止执行图标]标志为停止执行。在这里单击循环执行来验证流程是否正确。

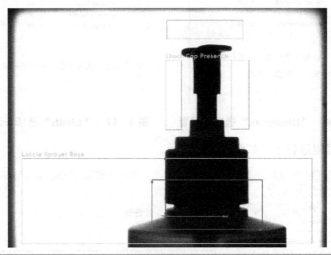

图 3-22 试运行三

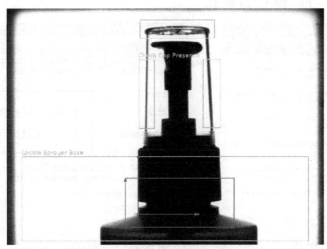

图 3-23 试运行四

3.2 技能综合训练 2

工作场景描述

　　某化妆品生产企业，在后端工序上要进行瓶盖有无的检测。工程部张工接到任务后，到现场进行安装并调试，通过使用 NI VIBA 的编程，就可以实现瓶盖缺失的检测。该化妆品企业对现场工业视觉系统安装完毕，现要求在 4h 内完成该瓶盖视觉检测的编程与调试，并进行合格验收，如图 3‑24 所示。

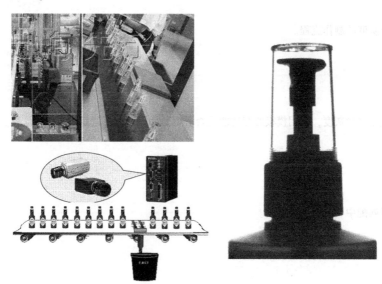

图 3‑24　现场调试

瓶盖视觉检测的编程与调试任务完成报告表

姓名		任务名称	瓶盖视觉检测的编程与调试
班级		同组人员	
完成日期		分工任务	

简答题：

　　1. VIBA 界面由哪些部分组成？

　　2. VIBA 检查步骤有哪 8 个单元？

　　3. 采集图像功能单元由哪 5 个部分组成？

（续）

4. 简述模板匹配的制作流程。

5. 简述设置坐标系的意义。

6. 简述测量灰度的制作流程。

7. 如果不使用测量灰度，使用模板匹配功能是否可行？如果可以，请叙述方法和流程。

8. 简述模板匹配中 3 种模式的区别。

瓶盖视觉检测任务完成报告表

姓名		任务名称	瓶盖视觉检测
班级		同组人员	
完成日期		分工任务	

1. 检测瓶盖缺失实例中创建的流程是什么？

2. 根据瓶盖检测方法，试连接现场相机进行图案（三角形、五角形、四边形等）检测。

检查和评分表（任务）				
序号	表现要求	评分		
		配分	自评	指导教师
1	能掌握 VIBA 软件的安装方法	5 分		
2	能正确描述 VIBA 的基本功能模块	5 分		
3	能掌握 VIBA 界面的基本组成及功能	5 分		
4	能掌握 VIBA 采集图像 5 个单元的功能	10 分		
5	能掌握定位特征中的模板匹配	15 分		
6	能掌握测量特征中测量灰度的功能	10 分		
7	能掌握定位特征中的设置坐标系	5 分		
8	能熟记和遵守工业视觉安全操作规范事项	10 分		
9	能够准确找出需求的工业视觉的型号	15 分		
10	实训室 6S 评分	20 分	—	
工业机器视觉应用	项目	瓶盖视觉检测的编程与调试		
	任务	瓶盖视觉检测的编程与调试		

3.3 Tutorial 2——Image Calibration and Gauging（图像校准和测量）

1. 功能介绍

这个例子是通过检查 3 个孔是否存在、检查 3 个孔之间的距离是否合格来判断零件是否合格。各种情况如图 3-25～图 3-28 所示。

图 3-25 检查孔位

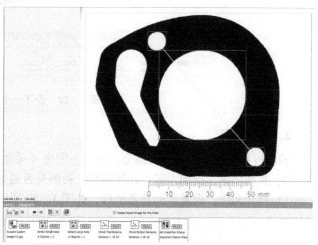

图 3-26 合格

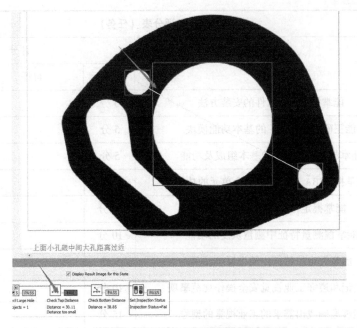

图 3 – 27　孔之间的距离不合格

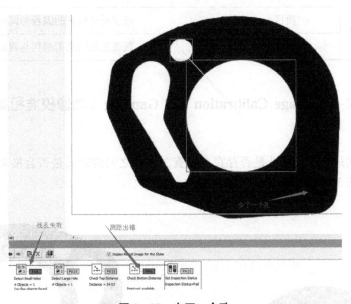

图 3 – 28　少了一个孔

2. 步骤介绍

检测过程大体上可分为四部分，即采集图像（采集后需要标定，在后续会详细介绍图像的标定）；找到小圆，找到大圆；几何测量；检测是否通过。

1）打开文件，设置实际参考坐标，如图 3 – 29 所示。

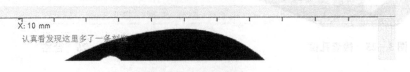

图 3 – 29　设置坐标

这时打开界面的"Calibration"（刻度）选项卡，如图3-30所示，按图3-31所示设置。

图3-30 勾选选项　　　　　　　　　　图3-31 选择图中选项

然后单击"Next"按钮，如图3-32所示。

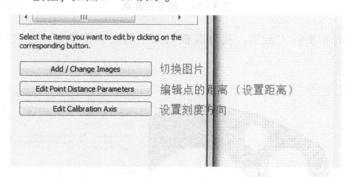

图3-32 3个选项

保持原图片不变。先设置方向，如图3-33所示。

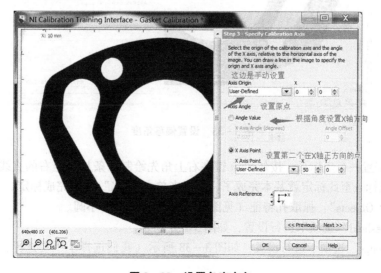

图3-33 设置角度方向

　　在设置方向时，可以选择根据角度设置方向，也可以根据第二个点设置方向（两点确定一条直线），或者在图片中选择两个点确定方向，在图片里单击确定原点，第二次单击确定第二个在 X 轴正方向的点。

　　然后单击"Next"按钮设置距离，如图 3 - 34 所示。

图 3 - 34　设置实际点

　　设置好实际距离和实际方向后，就可以根据图中的点确定实际点的位置了，如图 3 - 35 所示。

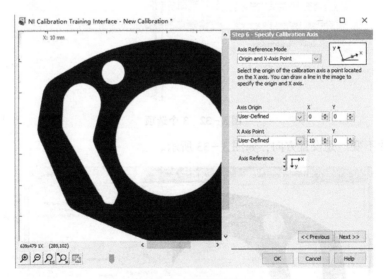

图 3 - 35　设置偏移角度

　　这一步是配置一个坐标系，按住 Shift 键在右上角先绘制一条从左至右的直线，就生成了图 3 - 34 所示的坐标。至此标定就基本完成了，接下来单击"OK"按钮完成标定。

　　2）"Detect Objects"：抓取孔特征（见图 3 - 36），寻找大、小圆。

　　打开"Threshold"选项卡进行设置，如图 3 - 37 所示。

　　打开"Settings"选项卡进行设置，如图 3 - 38 所示（我们选择了手动选择，具体的设置在这里选择）。

　　项目里用了两个"Detect Objects"分别抓取了两个小圆和一个大圆，如图 3 - 39 所示。

3）"Geometry"：计算两个孔之间的距离，如图3-40所示。

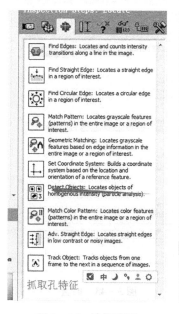

图3-36 选择选项

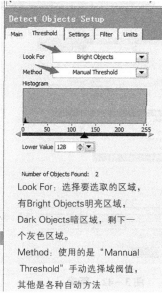

图3-37 选取区域

图3-38 具体设置

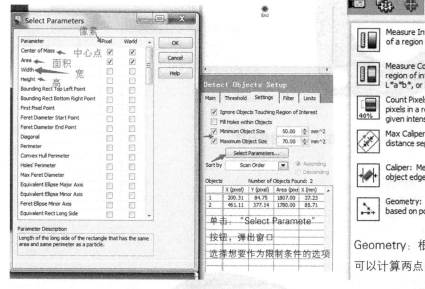

图3-39 设置条件

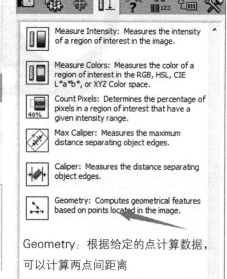

图3-40 单击进入设置界面

用Geometry计算两个圆孔圆心的距离，根据这个距离判断孔的位置是否出错。

打开"Main"选项卡，接着需要新建两条线，单击蓝色加号可以新建线条，如图3-41所示。

为第一条线配置两个点，先单击1点，再单击3点，这条线就配置完成了，如图3-42~图3-44所示。

接着配置第二条线，先单击3点，再单击2点，那么这条线就配置完成了，如图3-45~图3-47所示。

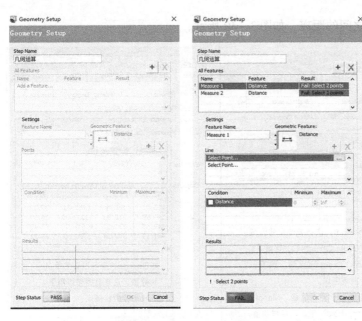

图 3 – 41　设置名字　　　　图 3 – 42　新建　　　　图 3 – 43　配置

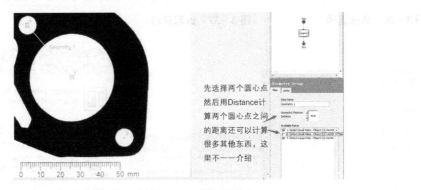

先选择两个圆心点
然后用Distance计
算两个圆心点之间
的距离还可以计算
很多其他东西，这
里不一一介绍

图 3 – 44　选择计算

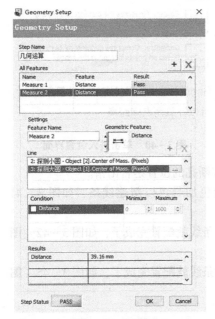
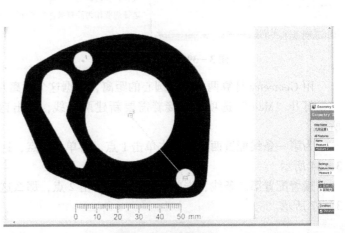

图 3 – 45　配置　　　　　　　图 3 – 46　选择线段

打开"Limits"选项卡,进行设置,如图 3 - 48 所示。

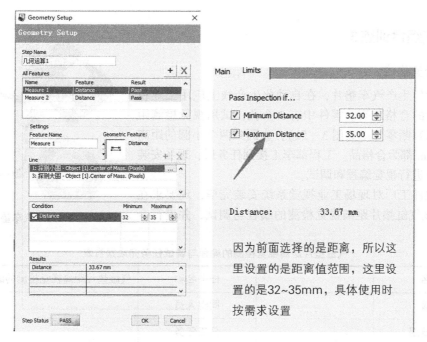

图 3 - 47 更改参数   图 3 - 48 更改设置

在这里设置限定值,如果需要做的零件要求上面小孔到中间孔的距离范围是 32 ~ 35mm,就可以设置成 32 ~ 35,其他算不合格。还需配置线的长度距离,第二条线最大为 40mm,最小为 35mm。配置完成之后单击"OK"按钮,完成几何运算的配置。

4)检测是否通过"Set Inspection Status"。

双击"Set Inspection Status"选项,进入设置界面,如图 3 - 49 和图 3 - 50 所示。

这个步骤设置的成功或失败就是整个程序的最终状态,即"Inspection Status"。

把以上步骤设置好就实现了当前项目的功能。

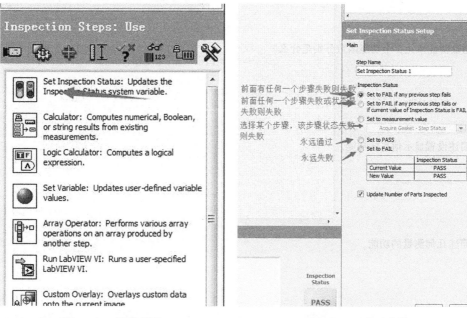

图 3 - 49 最终判定   图 3 - 50 修改参数

3.4   技能综合训练 3

工作场景描述

某垫片厂生产汽车垫片，在自动化生产线上应用工业视觉检测垫片的合格与否。零件中有 3 个孔，试用视觉检测距离的方法来判断零件（见图 3 - 51），大圆到两个小圆的距离是 33 ~ 34mm 都为合格品。工程部李工接到任务后，现场安装视觉系统并进行视觉编程和调试。

汽车配件工厂对现场工业视觉系统安装完毕，现要求在 4h 内完成该气缸垫片距离视觉检测的编程与调试，并进行合格验收。

图 3 - 51   汽车垫片

气缸垫片距离视觉检测的编程与调试任务完成报告表

姓名		任务名称	气缸垫片距离视觉检测的编程与调试
班级		同组人员	
完成日期		分工任务	

简答题：

1. 简述视觉标定的方法。

2. 简述两点标定的流程。

3. 测量特征单元 5 个功能函数分别是什么？

4. 简述设置显示信息的功能。

5. 简述几何测量的功能。

气缸垫片距离视觉检测任务完成报告表

姓名		任务名称	气缸垫片距离视觉检测
班级		同组人员	
完成日期		分工任务	

1. 气缸垫片标定的具体流程是怎样的?

2. 视觉测量距离函数的具体编写方法有哪些?

检查和评分表 (任务)					
序号	表现要求	评分			
		配分	自评	指导教师	
1	能掌握标定的用途和意义	5 分			
2	能掌握几何测量的功能	10 分			
3	能熟悉测量特征的 5 个函数的功能	10 分			
4	能掌握设置显示信息的方法	10 分			
5	能掌握检测目标进行粒子分析	10 分			
6	能掌握标定的具体场合和具体方法	15 分			
7	能熟记和遵守工业视觉安全操作规范事项	10 分			
8	能认真完成任务报告书	10 分			
9	实训室 6S 评分	20 分	—		

工业机器视觉应用	项目	气缸垫片距离视觉检测的编程与调试
	任务	气缸垫片距离视觉检测的编程与调试

3.5 Tutorial 3——Decision Making（决策）

1. 功能介绍

检查熔丝是否合格。

检测熔丝合格与否有图 3 – 52 ~ 图 3 – 56 所示几种情况。

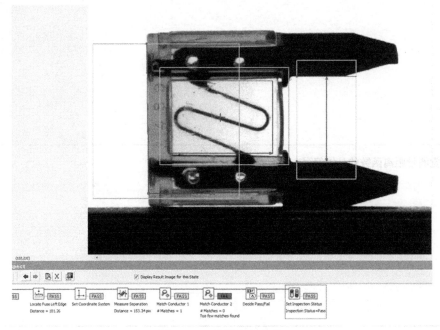

图 3 – 52　熔丝正向合格

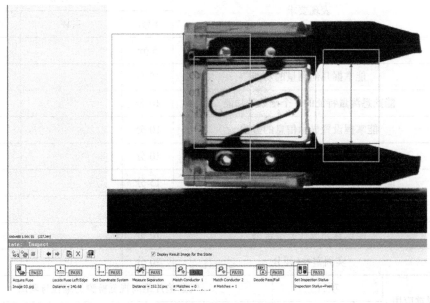

图 3 – 53　熔丝反向合格

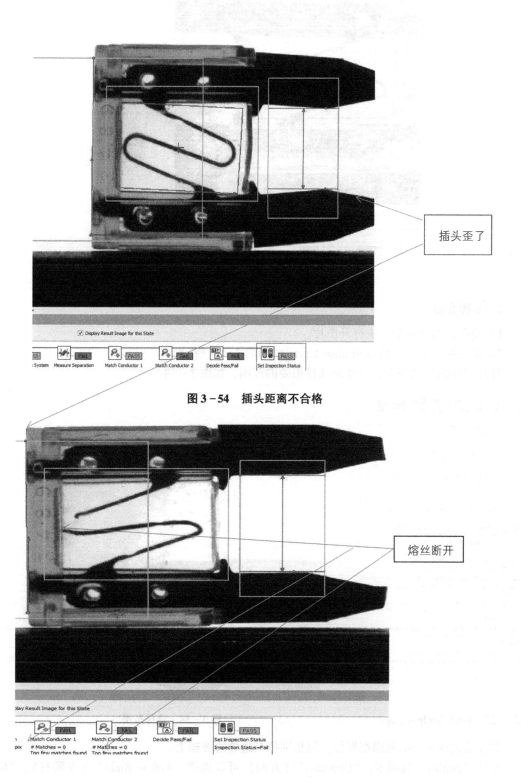

插头歪了

图 3 – 54 插头距离不合格

熔丝断开

图 3 – 55 熔丝断开

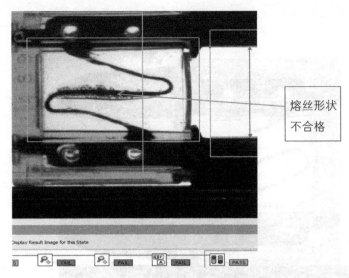

图 3 - 56　熔丝形状不合格

2．步骤介绍

1）按照前面介绍的方法打开图片。

2）使用的工具是"Find Straight Edge"，如图 3 - 57 所示。

打开"Main"选项卡，同样是选择想要的范围，如图 3 - 58 所示。

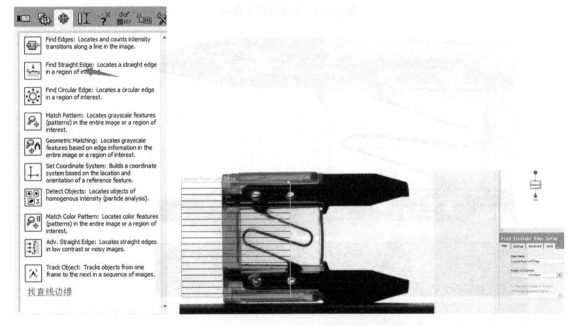

图 3 - 57　Find Straight Edge　　　　　　　图 3 - 58　选择范围

把左边边缘运动的范围都框住，但是别把右边的边缘框上。

打开"Setting"选项卡，"Direction"（方向）可以选择"Left to Right"（左到右）、"Right to Left"（右到左）、"Top to Bottom"（上到下），还有下到上。这里选择"Left to Right"。

"Edge Polarity"（边缘极性），可以选择"All Edge"（所有边缘）、"Drak to Bright"（从黑到白），还有从白到黑。这里选择"All Edges"。

Look for（寻找）：First Edge（第一个边缘），Best Edge（最好边缘）。这里选择"First Edge"。

下面从上到下分别是最小边缘强度、核心大小、投影尺寸、间隙。通过设置这些值可以更好地找到想要的边缘，如图3-59所示。

"Advanced"和"Limits"选项卡这里不用设置。

3）设置坐标系。

设置坐标时只需要改一下设置部分即可，"Mode"选择水平和垂直运动，选择边缘时给了两个点。第一个是边缘最上面的点，第二个是最下面的点，这里选第二个，如图3-60所示。

4）判断上、下两片插头的距离。

双击卡尺函数Caliper，如图3-61所示。

打开"Main"选项卡进行设置，如图3-62所示。

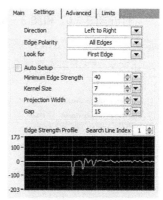

图3-59　菜单栏

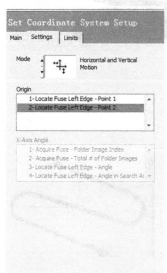

图3-60　设置坐标

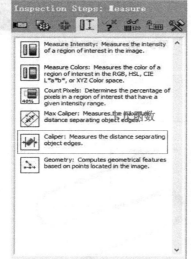

图3-61　卡尺函数

Caliper Setup

Step Name
Measure Separation

Region of Interest
Constant

☑ Reposition Region of Interest
Reference Coordinate System
Set Coordinate System

把Reposition…打上勾，再选择上一步设置的坐标系，这样算距离的框就会跟着熔丝插片的移动而移动了

图3-62　设置"Main"选项卡

打开"Settings"选项卡，进行设置，如图3-63所示。

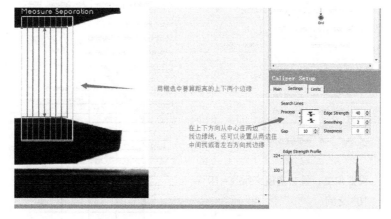

图3-63　更改菜单栏

打开"Limit"选项卡，设置距离范围，如图3-64所示。

5）建模板并找模板，如图3-65所示。

图3-66中左图是第五步的，右图是第六步的，这两种情况都算正常，所以建了两个模板，还有以下几个地方要注意。

打开图 3-67 和图 3-68 所示界面进行设置。

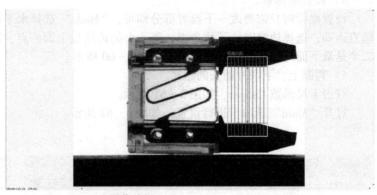

图 3-64 设置菜单栏

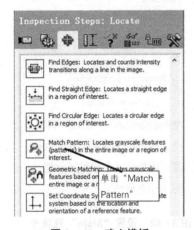

图 3-65 建立模板

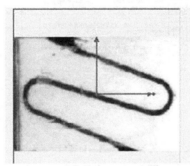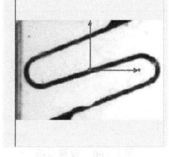

图 3-66 设置坐标

设置角度，偏转角度必须在-10°~
10° 之间

图 3-67 设置角度

minimum打上勾，并选择score，这
样这个步骤会根据匹配得分得到步
骤状态是pass还是fail。

图 3-68 设置范围

这一步很重要，否则不能判断熔丝是否正常。

6）逻辑判断 Logic Calculator，双击该选项，如图 3-69 所示。

打开"Calculator"界面，如图 3-70 所示，进行设置，如图 3-71~图 3-73 所示。

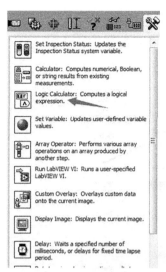

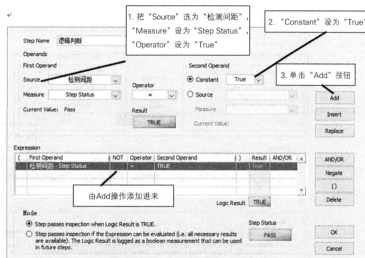

图 3-69　逻辑判断　　　　　　　　　图 3-70　"Calculator"界面

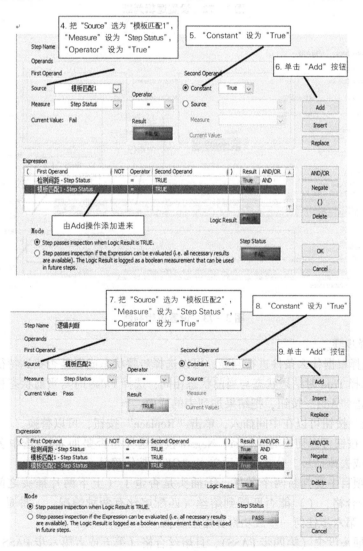

图 3-71　设置参数

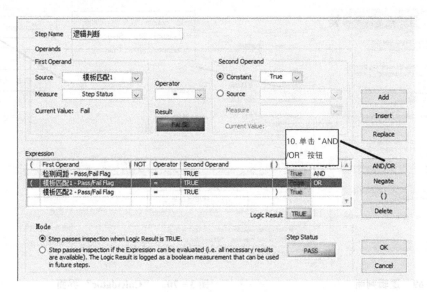

图 3 - 72　设置逻辑判断

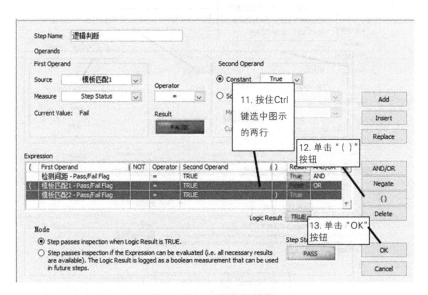

图 3 - 73　设置逻辑判断

Source：选择步骤。

Measure：选择根据什么条件进行判断，可以选择步骤状态或者是否找到特征。

Constant：选择 True 时结果状态与当前状态相同，选择 False 时与当前状态相反。

设置好后单击"Add"按钮，把结果加到表的后面。

单击"Insert"按钮可以在中间插入，单击"Replace"按钮，可以替换。

"AND/OR"按钮可以切换 and 和 or，Negate 按钮选择是否要加 not，选中多行单击"（）"按钮可以加括号或去掉括号。公式写好后单击"OK"按钮确认。

解释：在本项目中要判断两个条件：①插头是否歪了（上下两片插头之间的距离是否合格）；②熔丝是否合格，（）能否匹配到熔丝（匹配熔丝有两种情况：一种是正放，一种是反放），所以第五、第六步任何一步成功都算熔丝合格。

所以，只要插头没歪（第四步 PASS），且熔丝合格（第五或者第六步 PASS）就算合格。

7）检验是否通过，如图 3 - 74 所示。

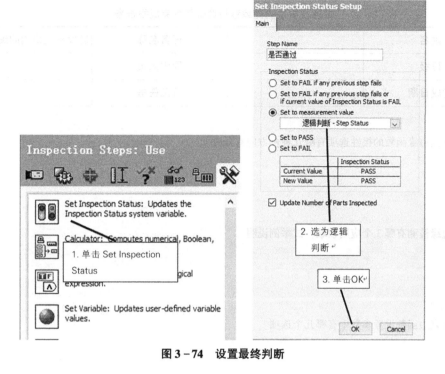

图 3 - 74　设置最终判断

至此第三个例子完成。

3.6　技能综合训练 4

工作场景描述

某企业为发那科工业机器人控制柜定制生产熔丝，自动化流水线生产，要求在生产线中对熔丝进行视觉检测不良品，主要检测内容有以下几个方面：

- 检测熔丝是否断裂；
- 检测熔丝是否氧化；
- 检测插口引脚间距是否合格。

工程部的黄工接到任务后，到达现场进行安装并调试，要求在4h内完成该熔丝距离视觉检测的编程与调试，并进行合格验收，如图3 - 75所示。

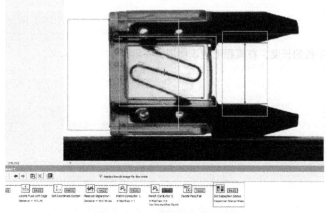

图 3 - 75　检测熔丝并调试

熔丝视觉检测的编程与调试任务完成报告表

姓名		任务名称	熔丝视觉检测的编程与调试
班级		同组人员	
完成日期		分工任务	

简答题：

1. 寻找边缘函数的极性选项有哪几种？方向有几种？

2. 边缘检测有哪 3 个应用领域？试举例说明。

3. 在直边函数设置参数中有哪几个选项？

4. 使用设定坐标系函数的意义是什么？

5. 卡尺函数能完成哪些功能？

6. 熔丝有几种情况是不合格产品？

7. 假设需要计算手机的长度，在流程上应该使用哪些函数？

熔丝视觉检测任务完成报告表

姓名		任务名称	熔丝视觉检测
班级		同组人员	
完成日期		分工任务	

1. 请写出熔丝检测项目的检测流程。

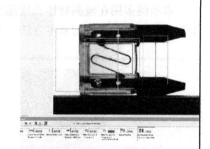

2. 实操题

请按要求完成以下操作任务：
- 拍照采集图片；
- 过滤图像中无用的区域；
- 标定；
- 定位手机位置；
- 根据定位的手机位置创建坐标系；
- 找寻手机上、下、左、右四条边；
- 计算手机尺寸。

	检查和评分表（任务）			
序号	表现要求	评分		
		配分	自评	指导教师
1	能掌握查找直边函数的功能及设置方法	10 分		
2	能掌握卡尺函数的功能及设置方法	10 分		
3	能掌握设定坐标系函数的设置方法	10 分		
4	能掌握逻辑函数的适用及功能	10 分		
5	能写出熔丝检测项目的检测流程	10 分		
6	能完成手机尺寸测量的任务	20 分		
7	能熟记和遵守工业视觉安全操作规范事项	10 分		
8	实训室 6S 评分	20 分	—	
工业机器人应用	项目	熔丝视觉检测的编程与调试		
	任务	熔丝视觉检测的编程与调试		

3.7　Tutorial 4——Two Cameras Inspection. vbai（两相机测定物体实际长度）

1. 功能介绍

通过两个不同的工业相机来测量一段规则物体的实际长度。

本示例多用在被测物体长度超出相机的相机像素区域，通过本示例的学习，大家可掌握关于测量物体实际长度的基本方法（见图 3 - 76 和图 3 - 77）。

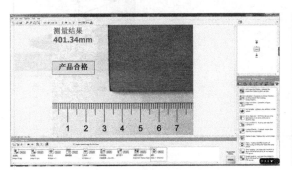

图 3 - 76　产品检测合格　　　　　　　图 3 - 77　产品检测不合格

2. 操作步骤

1）新建工程，如图 3 - 78 所示。

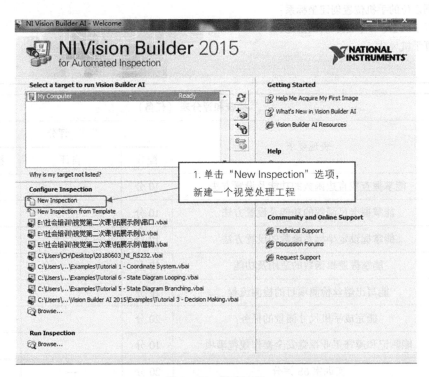

1. 单击 "New Inspection" 选项，新建一个视觉处理工程

图 3 - 78　新建工程

2）打开图片并设置，如图 3 - 79 ~ 图 3 - 92 所示。

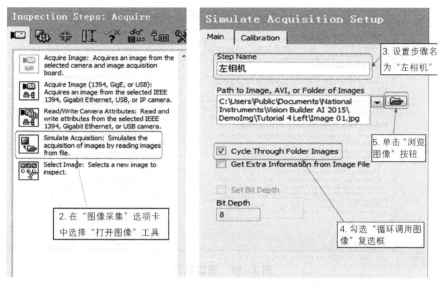

图3-79 双击"打开图像"　　　　　　图3-80 设置"左相机"

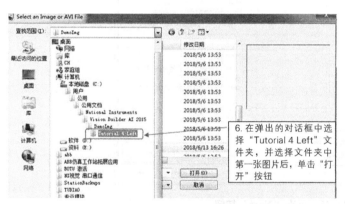

图3-81 打开选择的图片

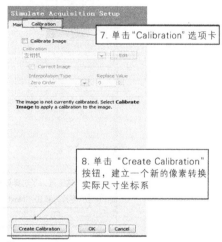

图3-82 转换坐标系

注意：转换坐标系是为了建立一个像素坐标与实际尺寸的转换关系，即为标定。

图3-83 设置转换坐标系

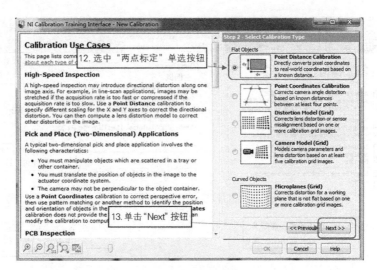

图 3 – 84　设定标定

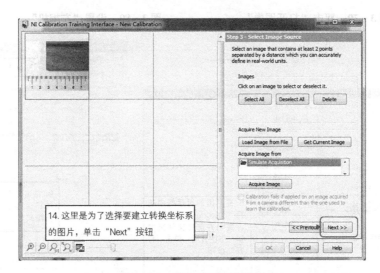

图 3 – 85　单击"Next"按钮

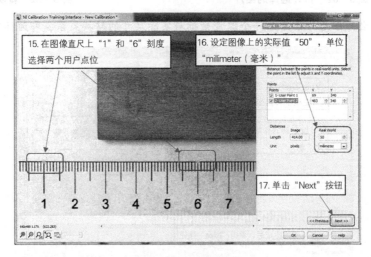

图 3 – 86　设置单位

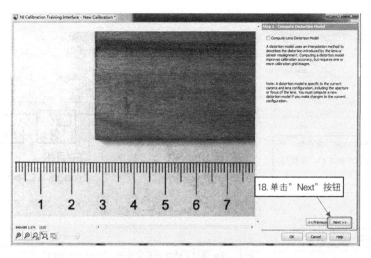

图3-87 单击"Next"按钮

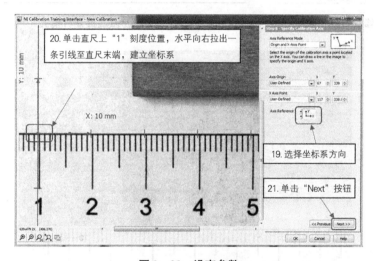

图3-88 设定参数

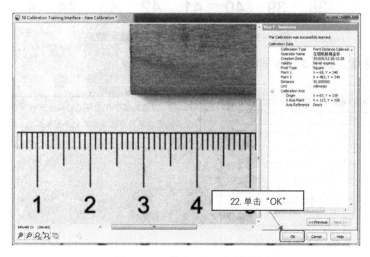

图3-89 单击"OK"按钮

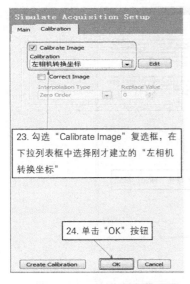

23. 勾选 "Calibrate Image" 复选框，在
下拉列表框中选择刚才建立的 "左相机
转换坐标"

24. 单击 "OK" 按钮

图 3-90 修改名称并确定

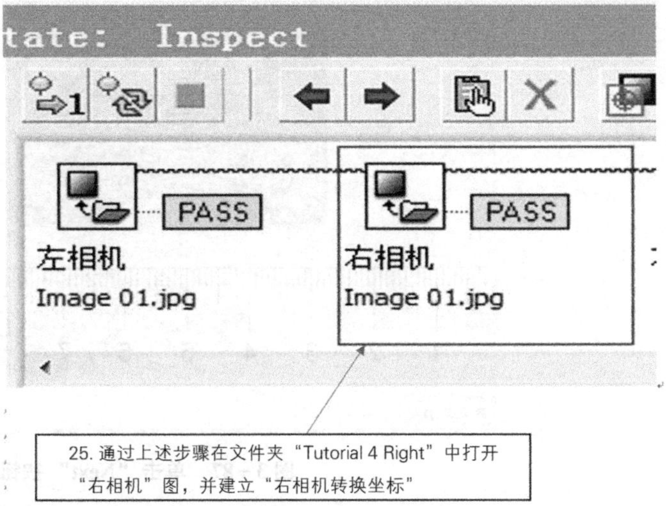

25. 通过上述步骤在文件夹 "Tutorial 4 Right" 中打开
"右相机" 图，并建立 "右相机转换坐标"

图 3-91 打开右相机

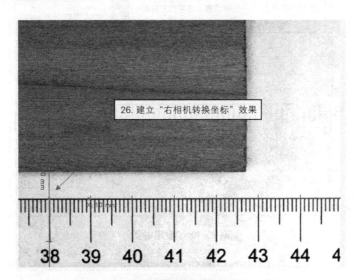

26. 建立 "右相机转换坐标" 效果

图 3-92 建立 "右相机转换坐标" 效果

3）寻找边缘点，如图 3-93 和图 3-94 所示。

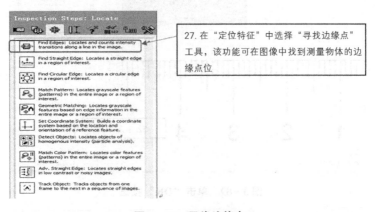

27. 在 "定位特征" 中选择 "寻找边缘点"
工具，该功能可在图像中找到测量物体的边
缘点位

图 3-93 寻找边缘点

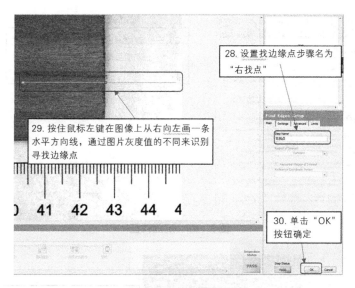

28. 设置找边缘点步骤名为"右找点"

29. 按住鼠标左键在图像上从右向左画一条水平方向线,通过图片灰度值的不同来识别寻找边缘点

30. 单击"OK"按钮确定

图3-94 识别边缘

4)调换图像,如图3-95~图3-98所示。

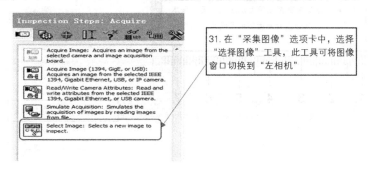

31. 在"采集图像"选项卡中,选择"选择图像"工具,此工具可将图像窗口切换到"左相机"

图3-95 调换图像

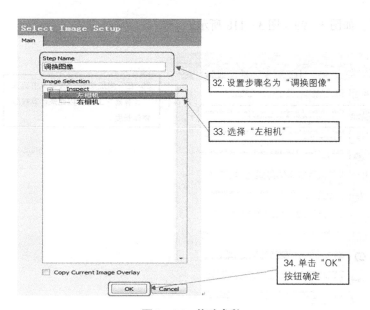

32. 设置步骤名为"调换图像"

33. 选择"左相机"

34. 单击"OK"按钮确定

图3-96 修改参数

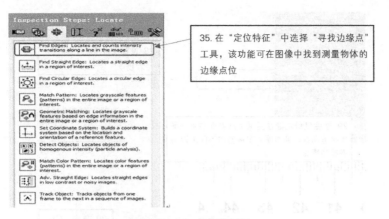

35. 在"定位特征"中选择"寻找边缘点"工具，该功能可在图像中找到测量物体的边缘点位

图 3-97　定位特征

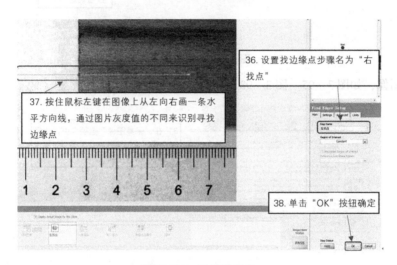

36. 设置找边缘点步骤名为"右找点"

37. 按住鼠标左键在图像上从左向右画一条水平方向线，通过图片灰度值的不同来识别寻找边缘点

38. 单击"OK"按钮确定

图 3-98　寻找边缘点

5）长度计算，如图 3-99～图 3-118 所示。

39. 在"附加功能"选项卡中选择"计算器"工具，以此来计算被测物体长度

图 3-99　选择"计算器"功能

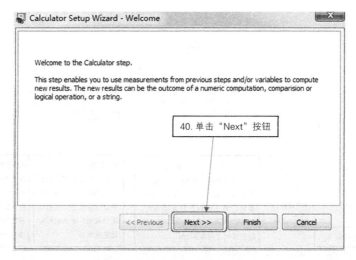

图3-100 单击"Next"按钮

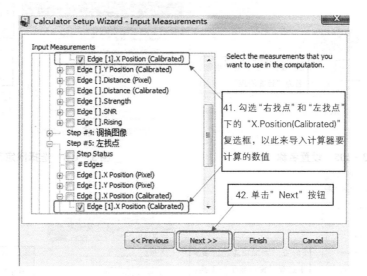

图3-101 选定参数

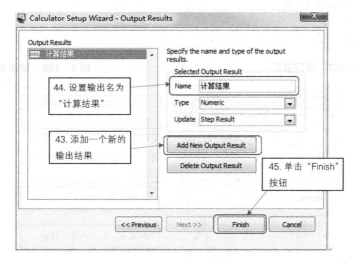

图3-102 添加变量

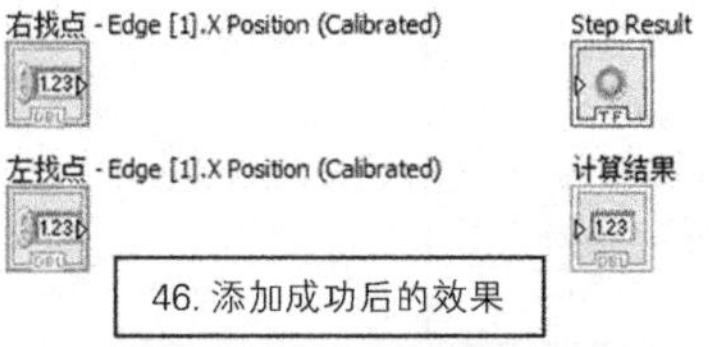

右找点 - Edge [1].X Position (Calibrated)
左找点 - Edge [1].X Position (Calibrated)
Step Result
计算结果
46. 添加成功后的效果

图 3－103　已添加变量

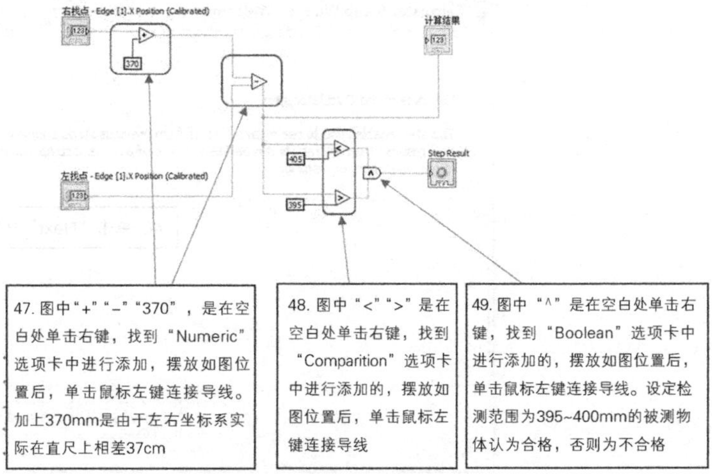

右找点 - Edge [1].X Position (Calibrated)
左找点 - Edge [1].X Position (Calibrated)
计算结果
Step Result
370
405
395
47. 图中“+”“－”“370”，是在空白处单击右键，找到“Numeric”选项卡中进行添加，摆放如图位置后，单击鼠标左键连接导线。加上370mm是由于左右坐标系实际在直尺上相差37cm
48. 图中“<”“>”是在空白处单击右键，找到“Comparition”选项卡中进行添加的，摆放如图位置后，单击鼠标左键连接导线
49. 图中“∧”是在空白处单击右键，找到“Boolean”选项卡中进行添加的，摆放如图位置后，单击鼠标左键连接导线。设定检测范围为395~400mm的被测物体认为合格，否则为不合格

图 3－104　设置逻辑

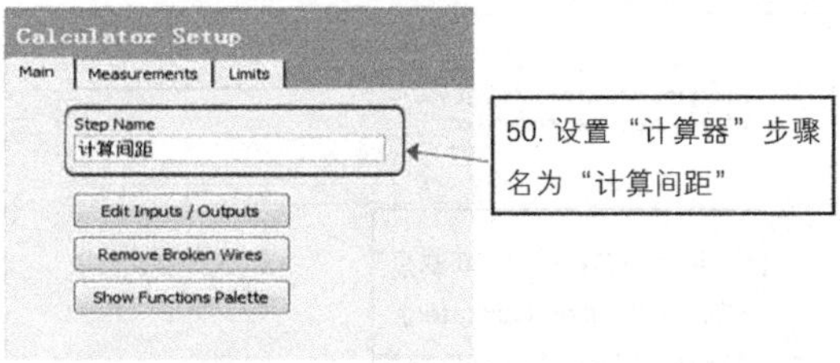

Calculator Setup
Main
Measurements
Limits
Step Name
计算间距
Edit Inputs / Outputs
Remove Broken Wires
Show Functions Palette
50. 设置“计算器”步骤名为“计算间距”

图 3－105　设置名称

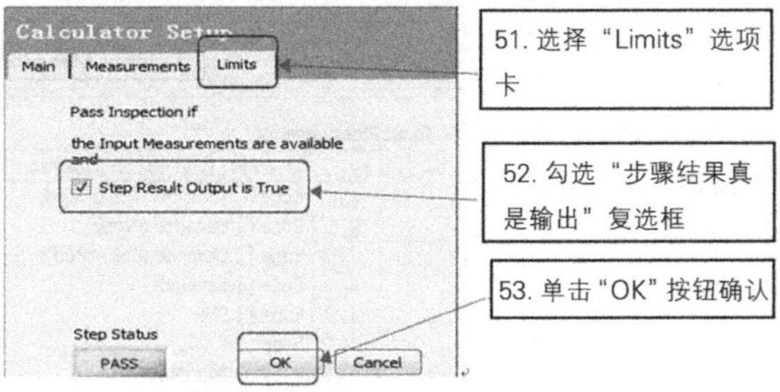

Main
Measurements
Limits
Pass Inspection if
the Input Measurements are available and
Step Result Output is True
Step Status
PASS
OK
Cancel
51. 选择“Limits”选项卡
52. 勾选“步骤结果真是输出”复选框
53. 单击“OK”按钮确认

图 3－106　选择限定范围

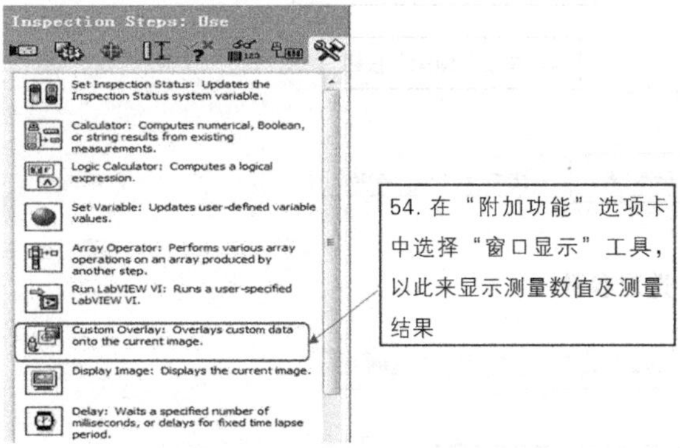

Inspection Steps: Use
Set Inspection Status: Updates the Inspection Status system variable.
Calculator: Computes numerical, Boolean, or string results from existing measurements.
Logic Calculator: Computes a logical expression.
Set Variable: Updates user-defined variable values.
Array Operator: Performs various array operations on an array produced by another step.
Run LabVIEW VI: Runs a user-specified LabVIEW VI.
Custom Overlay: Overlays custom data onto the current image.
Display Image: Displays the current image.
Delay: Waits a specified number of milliseconds, or delays for fixed time lapse period.
54. 在“附加功能”选项卡中选择“窗口显示”工具，以此来显示测量数值及测量结果

图 3－107　窗口显示

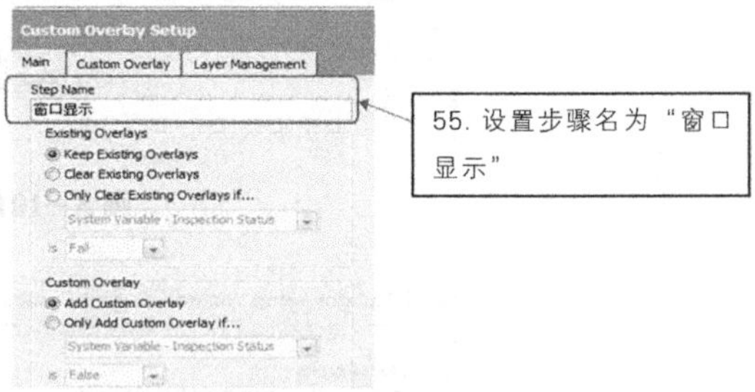

Custom Overlay Setup
Main
Custom Overlay
Layer Management
Step Name
窗口显示
Existing Overlays
Keep Existing Overlays
Clear Existing Overlays
Only Clear Existing Overlays if...
Custom Overlay
Add Custom Overlay
Only Add Custom Overlay if...
55. 设置步骤名为“窗口显示”

图 3－108　设置名称

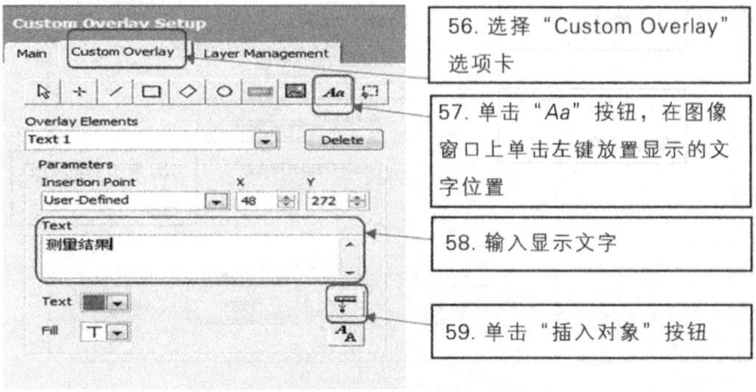

Custom Overlay Setup
Main
Custom Overlay
Layer Management
Overlay Elements
Text 1
Delete
Parameters
Insertion Point
User-Defined
X
Y
48
272
Text
测量结果
Fill
56. 选择“Custom Overlay”选项卡
57. 单击“Aa”按钮，在图像窗口上单击左键放置显示的文字位置
58. 输入显示文字
59. 单击“插入对象”按钮

图 3－109　输入文字

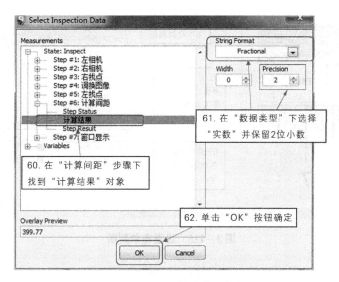

图3-110　设置计算位数

图3-111　添加数据单位　　　　　图3-112　修改字体和大小

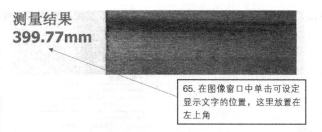

图3-113　显示测量结果

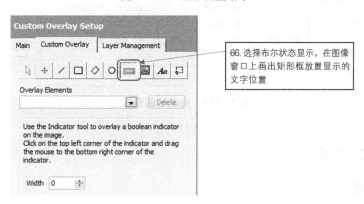

图3-114　布尔显示

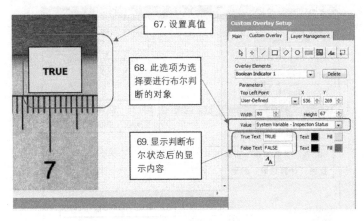

图 3 - 115　设置布尔判断

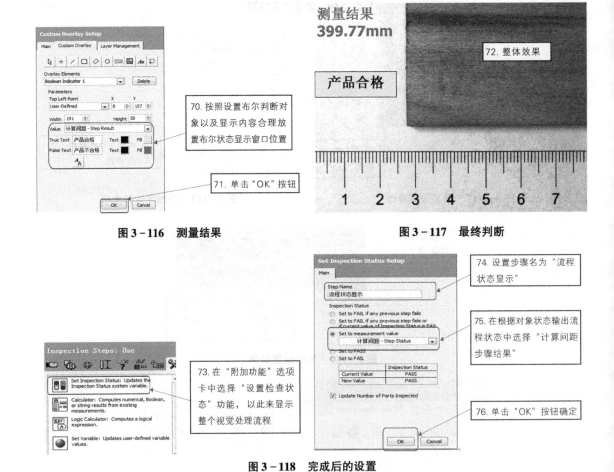

图 3 - 116　测量结果

图 3 - 117　最终判断

图 3 - 118　完成后的设置

3.8　技能综合训练 5

工作场景描述

某型材生产厂在最后一道检验工序上进行长度检测，使用了两个相机对型材进行测量。周工接到工程部的任务后，到现场安装相机并调试，要求在4h内完成该型材长度视觉检测的编程与调试，并进行合格验收，如图3–119所示。

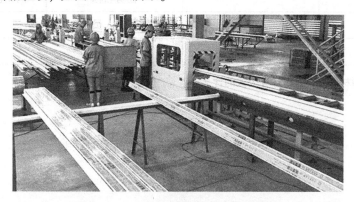

图3–119 型材视觉长度检测工作现场

两相机视觉测定长度的编程与调试任务完成报告表

姓名		任务名称	两相机视觉测定长度的编程与调试
班级		同组人员	
完成日期		分工任务	

简答题:

1. 选择图像函数的意义是什么？

2. 标定有几种方法？

3. 两点标定函数中像素坐标和现实世界坐标转换，其中现实世界坐标的单位有哪些？

4. 边缘函数中内核尺寸的概念是什么？

5. 图形化编程函数里面有哪几大类函数区？

两相机视觉测定长度任务完成报告表

姓名		任务名称	两相机视觉测定长度
班级		同组人员	
完成日期		分工任务	

1. 简述整个型材测量项目中计算公式的含义。

2. 根据范例程序，试着使用两次拍照方法进行 A4 纸测量项目，做出项目并写出流程与结果。

序号	表现要求	检查和评分表（任务）		
		评分		
		配分	自评	指导教师
1	能掌握选择图像函数的功能	5 分		
2	能掌握标定功能的使用方法	10 分		
3	能掌握边缘函数内设定参数的含义	10 分		
4	能掌握图形化简单编程函数的功能及设置方法	20 分		
5	能完成任务报告及任务	25 分		
6	能熟记和遵守工业机器视觉安全操作规范事项	10 分		
7	实训室 6S 评分	20 分	—	

工业机器人应用	项目	两相机视觉测定长度编程与调试
	任务	两相机视觉测定长度编程与调试

3.9 Tutorial 5——State Diagram Branching（状态图分支）

1. 功能介绍

本示例实现的功能是通过状态图的分支功能来处理简单机器视觉分支流程。通过本示例的学习，大家可掌握基本的状态流程图使用方法。

2. 结果展示

结果如图 3 - 120 和图 3 - 121 所示。

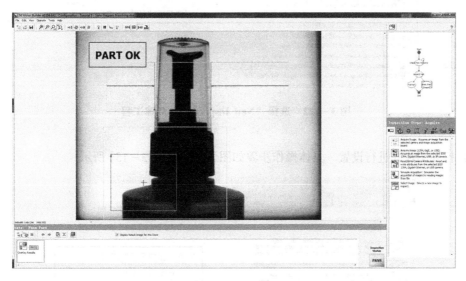

图 3 - 120　实例一

图 3 - 121　实例二

3. 操作步骤

（1）新建工程　新建工程如图 3 - 122 所示。

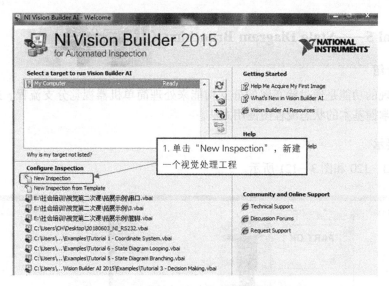

图 3 - 122 选择"New Inspection"新建工程

（2）打开图片并进行设置 具体操作步骤如图 3 - 123 ~ 图 3 - 154 所示。

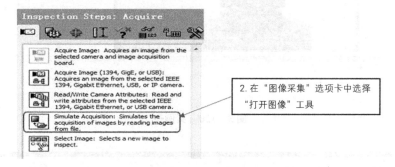

图 3 - 123 选择"打开图像"功能

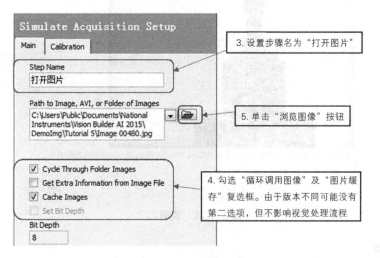

图 3 - 124 图片设置

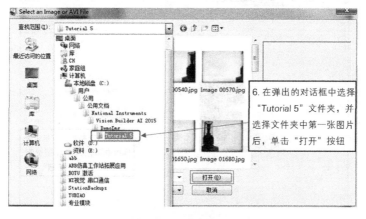

图 3-125 选择图片并打开

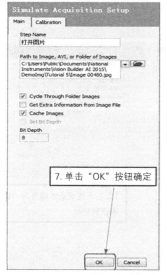

图 3-126 单击"OK"按钮

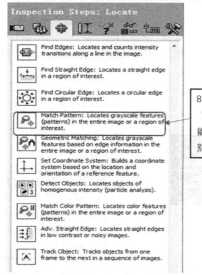

图 3-127 选择定位特征

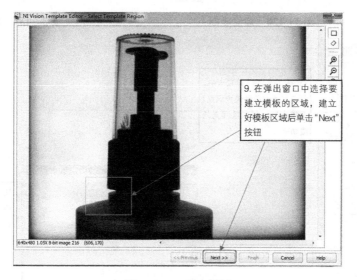

图 3-128 建立区域

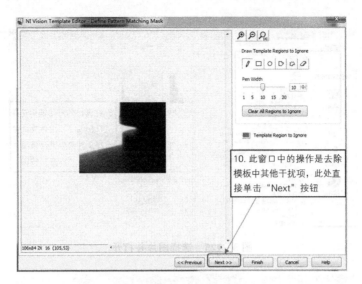

图 3 - 129　去除干扰项

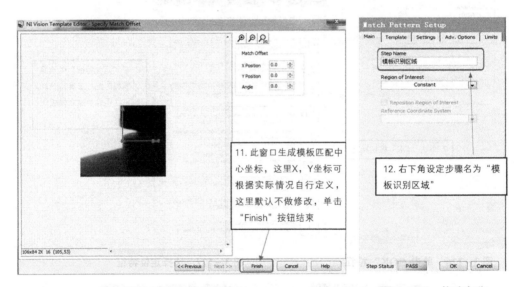

图 3 - 130　建立坐标　　　　　　　　　　　　　　图 3 - 131　修改名称

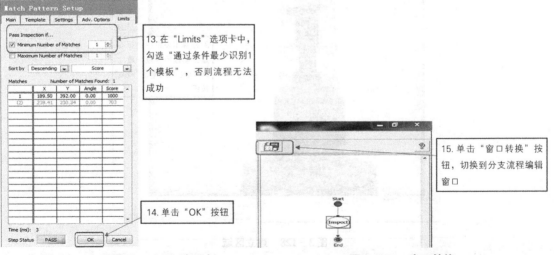

图 3 - 132　设置"Limits"选项卡　　　　　　　　图 3 - 133　窗口转换

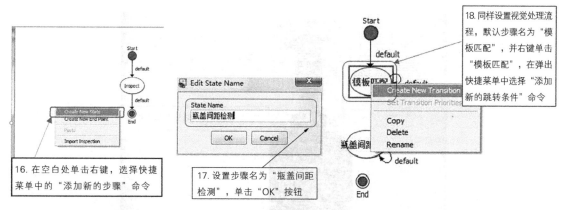

图 3-134 新建步骤　　图 3-135 设置名称　　图 3-136 添加条件

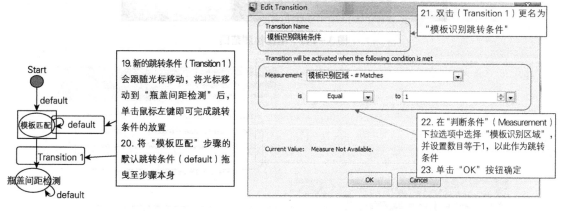

图 3-137 拖曳条件　　　　图 3-138 修改参数

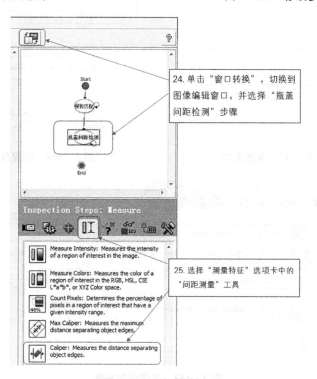

图 3-139 切换窗口

图 3-140　拖曳检测范围

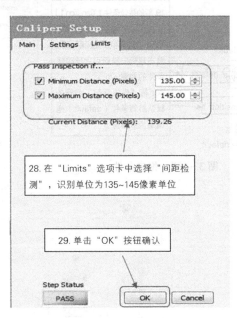

图 3-141　设置名称　　　　　　　　　　图 3-142　设置范围

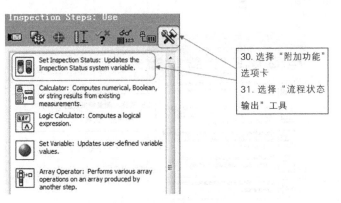

图 3-143　选择最终判断

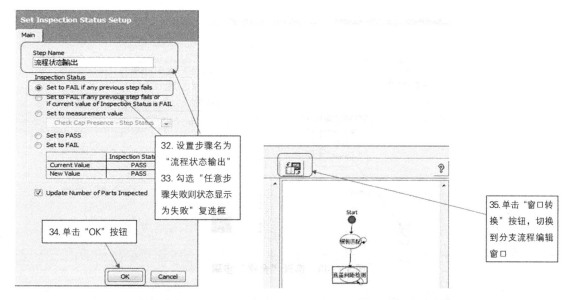

图3-144 修改参数　　　　　　　　　图3-145 窗口转换

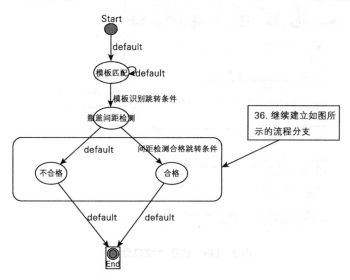

图3-146 建立流程分支

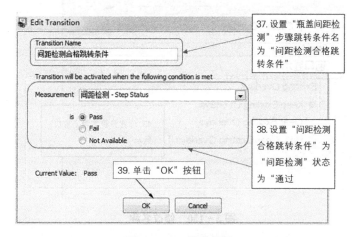

图3-147 修改参数

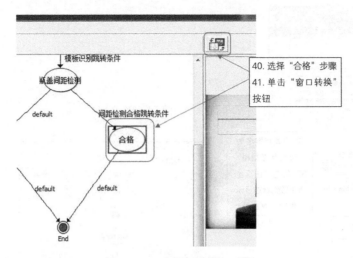

图 3 - 148　选择"合格"步骤

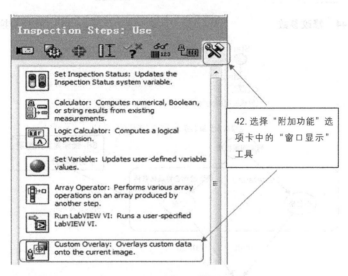

图 3 - 149　选择"窗口显示"

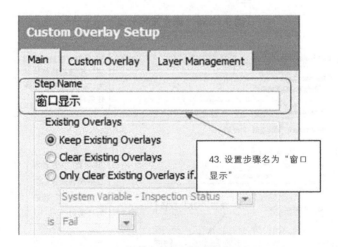

图 3 - 150　修改名称

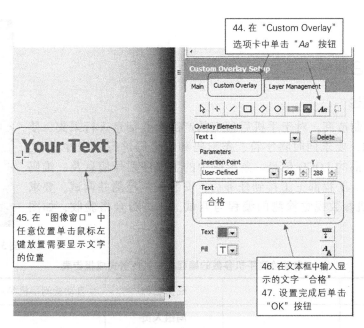

图 3 - 151　修改参数

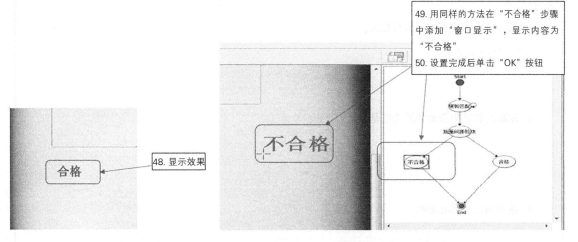

图 3 - 152　效果图　　　　　　　　　　　　　　　　　图 3 - 153　完成设置

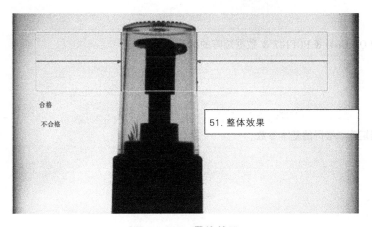

图 3 - 154　最终效果

图 3－155　信息采集

3.10　技能综合训练 6

工作场景描述

　　某手机生产制造商，对于手机后盖上的产品参数信息进行采集，使用视觉进行提取，要求同时将字符、条形码和二维码进行识别并显示，准确提取手机产品的 LOGO 信息、条形码中的手机序列号信息及二维码中手机型号信息。工程部王工接到任务后，安装视觉检测并调试，要求在 4h 内完成手机参数视觉检测的编程与调试，并进行合格验收，如图 3－155 所示。

自动检测手机参数的编程与调试任务完成报告表

姓名		任务名称	自动检测手机参数的编程与调试
班级		同组人员	
完成日期		分工任务	

简答题：

　　1. 简述状态图建立的作用与意义。

　　2. 读取与验证字符函数的功能是什么？

　　3. 条形码的种类有哪些？

　　4. 二维码的 QR Code & PDF147 & 数据矩阵的区别是什么？

　　5. 列举数据矩阵二维码的基本参数。

自动检测手机参数任务完成报告表

姓名		任务名称	自动检测手机参数
班级		同组人员	
完成日期		分工任务	

实操题（按要求做完每个子项目时打上对号）：

使用视觉扫描手机上的条码和字符同时读取手机的信息：

①过滤图像中无用的区域。

②将图像转换成灰度图。

③定位手机位置并创建坐标系。

④同时读取手机 LOGO 信息。

⑤同时读取条形码中的手机序列号信息。

⑥同时读取二维码的手机型号信息。

⑦信息显示。

序号	检查和评分表（任务）				
	表现要求	配分	评分		
			自评	指导教师	
1	能掌握状态图流程的建立方法	5 分			
2	能掌握状态图新流程的建立方法	5 分			
3	能掌握状态图判断条件的建立方法	5 分			
4	能掌握读取/验证字符函数的功能及设置方法	10 分			
5	能掌握一维条形码读取函数的功能及设置方法	10 分			
6	能掌握二维码读取函数的功能及设置方法	10 分			
7	能完成任务报告和任务	25 分			
8	能熟记和遵守工业机器视觉安全操作规范事项	10 分			
9	实训室 6S 评分	20 分	—		

工业机器人应用	项目	自动检测手机参数的编程与调试
	任务	自动检测手机参数的编程与调试

3.11　Tutorial 6——State Diagram Looping（状态图循环）

这个例子是检测 MOS 引脚是否合格，主程序分为三部分，即 Acquire Image & Find Pin Edges（获取图片和寻找边缘点）、Check Pin Gap（循环递进检查每个引脚间距是否合格）、Fail Inspection/Pass Inspection（成功或者失败的检测）。本例所需判断条件合格与否的条件分支流程如图 3 - 156 所示。

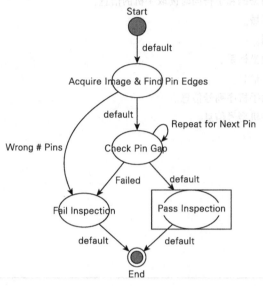

图 3 - 156　条件分支流程

1. 结果展示

结果如图 3 - 157 所示。

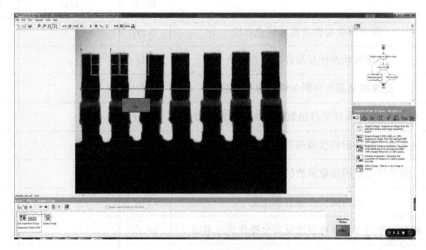

图 3 - 157　产品检测不合格

2. 操作步骤

（1）新建工程　新建工程如图 3 - 158 所示。

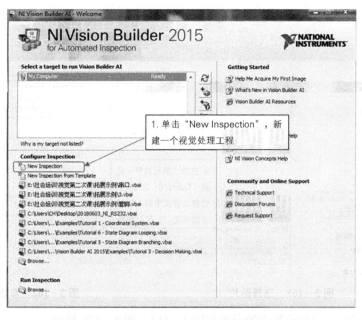

图 3 - 158 单击 "New Inspection" 选项新建工程

（2）打开图片并进行设置 具体设置如图 3 - 159 ~ 图 3 - 162 所示。

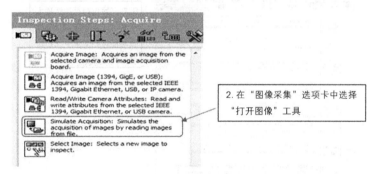

图 3 - 159 打开图片

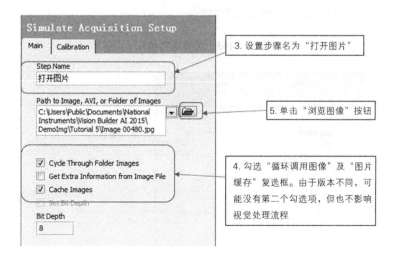

图 3 - 160 修改参数

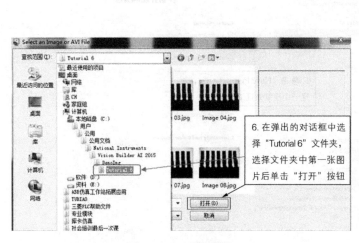

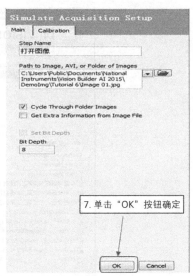

图 3 – 161　选择图片　　　　　　　　图 3 – 162　单击 "OK" 按钮

（3）寻找边缘点　寻找边缘点的设置如图 3 – 163 ～ 图 3 – 179 所示。

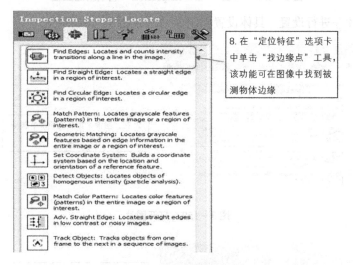

图 3 – 163　选择定位特征

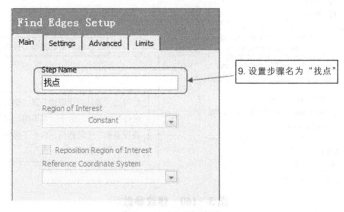

图 3 – 164　修改名称

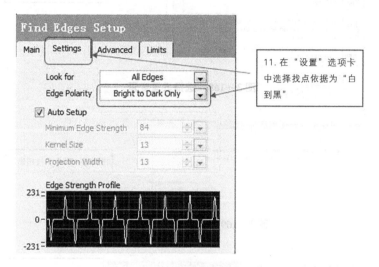

图3-165 拉出一条水平线

图3-166 修改设置

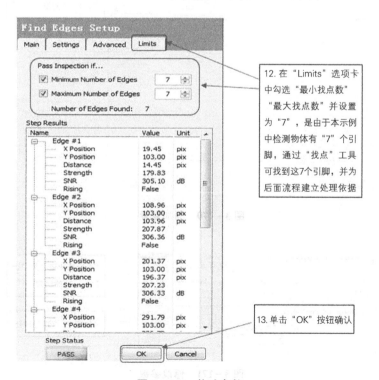

图3-167 修改参数

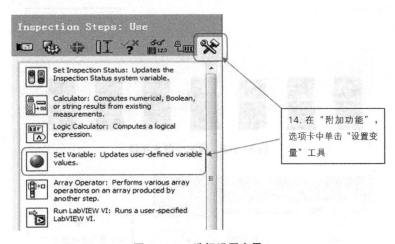

图 3 – 168　选择设置变量

图 3 – 169　单击"确定"按钮

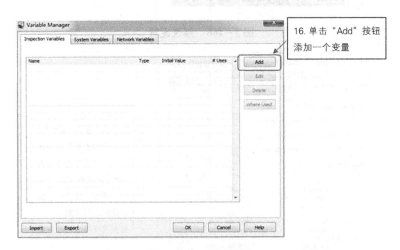

图 3 – 170　添加变量

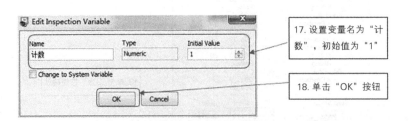

图 3 – 171　修改参数

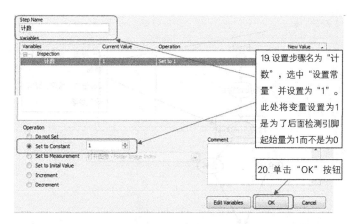

图3-172 设置参数

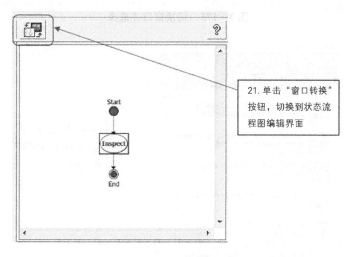

图3-173 切换窗口

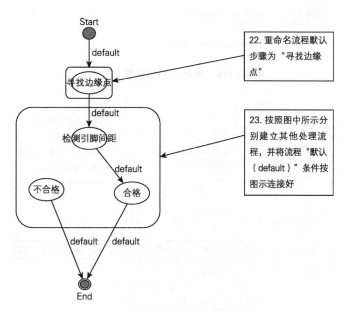

图3-174 连接流程图

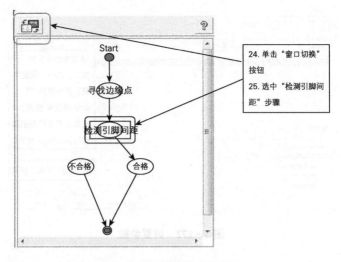

图 3 - 175　切换窗口并选择

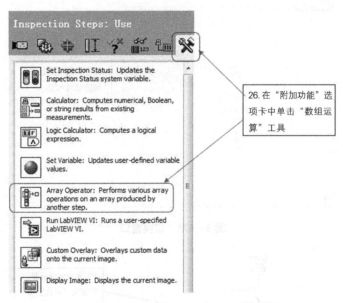

图 3 - 176　选择"数组运算"工具

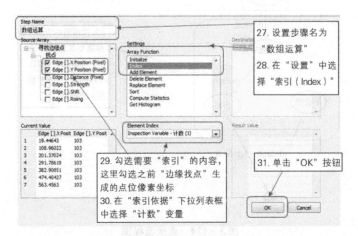

图 3 - 177　设置参数

（4）建立坐标系 建立坐标系如图3-179和图3-180所示。

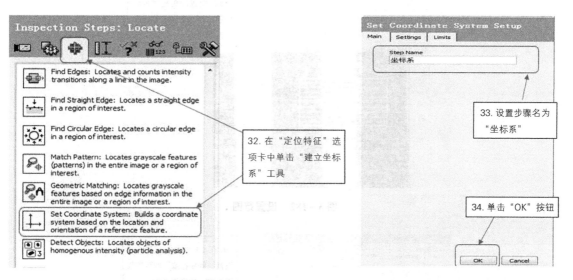

图3-178 建立坐标系　　　　　　　　　　图3-179 修改名称并确认

（5）间距检测 间距检测如图3-180~图3-183所示。

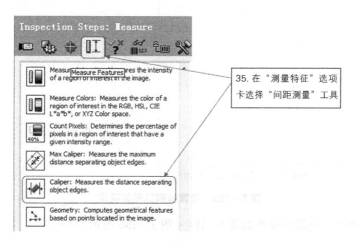

图3-180 选择间距测量工具

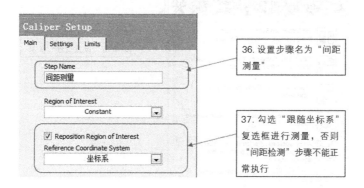

图3-181 修改名称并设置跟随

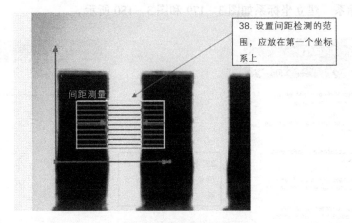

38. 设置间距检测的范围，应放在第一个坐标系上

图 3 - 182　设置范围

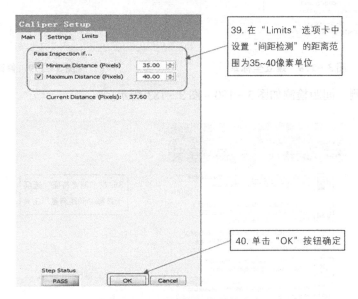

39. 在"Limits"选项卡中设置"间距检测"的距离范围为35~40像素单位

40. 单击"OK"按钮确定

图 3 - 183　设置检测范围并确定

（6）检测自循环　检测自循环如图 3 - 184 ~ 图 3 - 186 所示。

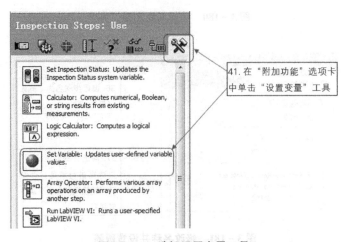

41. 在"附加功能"选项卡中单击"设置变量"工具

图 3 - 184　选择设置变量工具

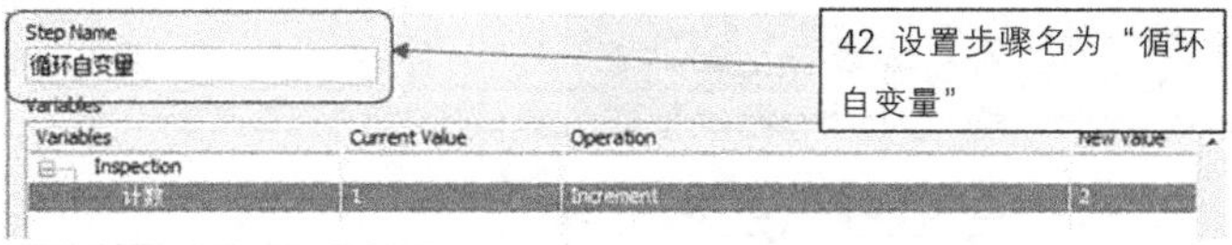

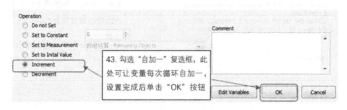

图3-185 修改名称

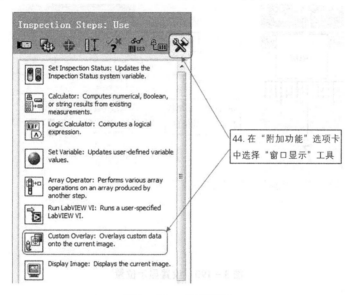

图3-186 设置参数

（7）窗口显示 窗口显示设置如图3-187~图3-193所示。

图3-187 选择窗口

图3-188 设置名称

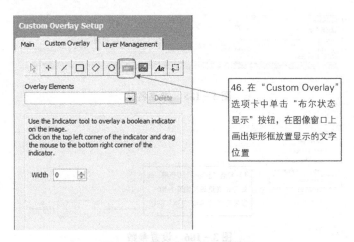

图 3－189 选择布尔状态显示

46. 在"Custom Overlay"选项卡中单击"布尔状态显示"按钮，在图像窗口上画出矩形框放置显示的文字位置

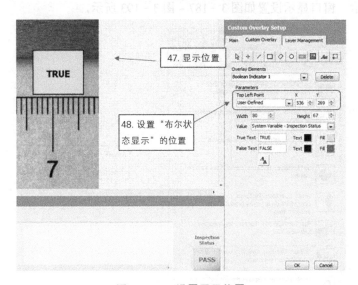

图 3－190 设置显示位置

47. 显示位置

48. 设置"布尔状态显示"的位置

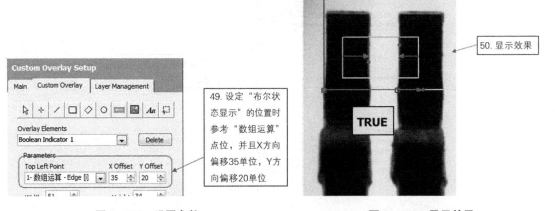

49. 设定"布尔状态显示"的位置时参考"数组运算"点位，并且X方向偏移35单位，Y方向偏移20单位

50. 显示效果

图 3－191 设置参数　　　　　图 3－192 显示效果

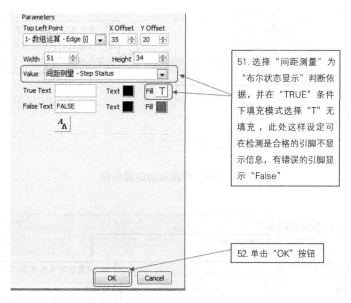

图 3-193 设置参数

（8）分支流程跳转条件设定　分支条件设置如图 3-194～图 3-200 所示。

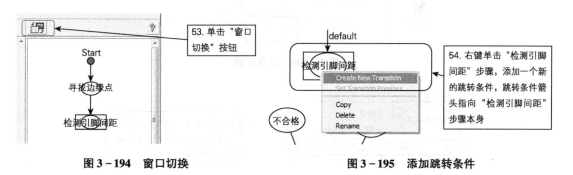

图 3-194　窗口切换　　　　　　　　　　图 3-195　添加跳转条件

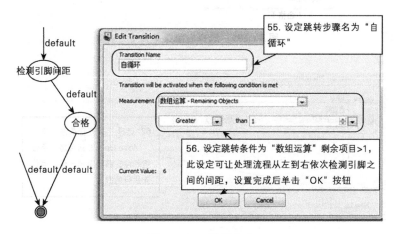

图 3-196　设置名称

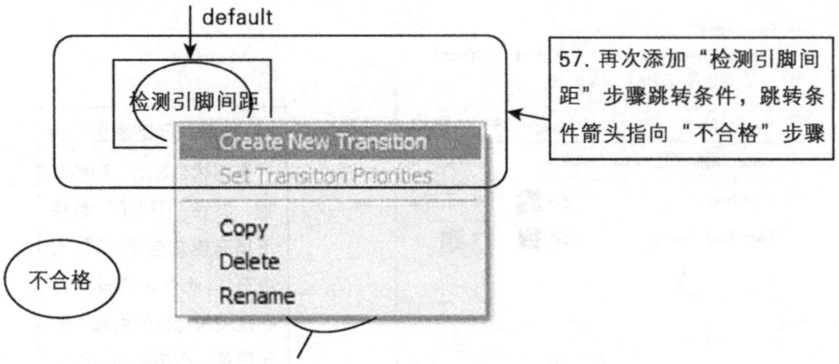

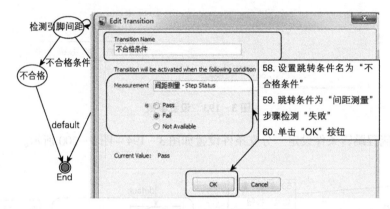

图 3 - 197　再次添加跳转条件

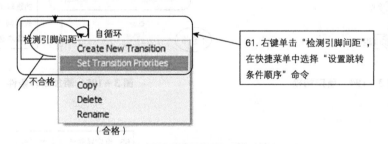

图 3 - 198　设置参数

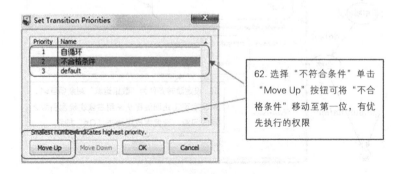

图 3 - 199　选择右键菜单命令

图 3 - 200　设置参数

（9）分区状态显示　设置分区状态如图 3 - 201 所示。

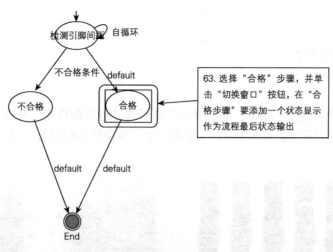

图 3 - 201   设置参数

（10）状态流程输出   状态流程输出如图 3 - 202 ~ 图 3 - 204 所示。

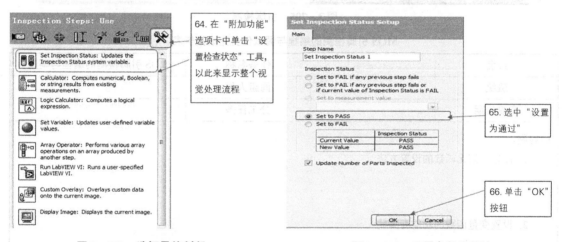

图 3 - 202   选择最终判断   图 3 - 203   设置参数为通过

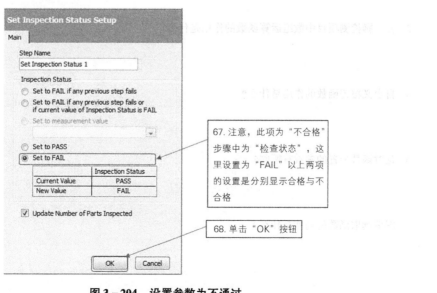

图 3 - 204   设置参数为不通过

3.12 技能综合训练 7

工作场景描述

某芯片生产企业新的生产线中，要求对芯片的引脚进行间距检测。企业工程部李工接到任务后，安装视觉检测并调试，要求在 4h 内完成芯片引脚检测的编程与调试，并进行合格验收，如图 3-205 所示。

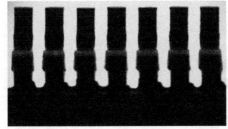

图 3-205　引脚检测

MOS 引脚检测的编程与调试任务完成报告表

姓名		任务名称	MOS 引脚检测的编程与调试
班级		同组人员	
完成日期		分工任务	

简答题：

1. 简述二值化函数的设置方法。

2. 设置变量函数的功能有哪些？

3. 在引脚检测项目中数组运算函数的作用是什么？

4. 自定义覆盖函数的作用是什么？

5. 延时函数配置的参数有哪些？

6. 图像读取函数的功能是什么？

MOS 引脚检测任务完成报告表

姓名		任务名称	MOS 引脚检测
班级		同组人员	
完成日期		分工任务	

1. 简述 MOS 引脚检测编程的工作流程，请写在下方。

2. 根据客户要求，完成芯片引脚的视觉检测。

	检查和评分表 (任务)			
序号	表现要求	评分		
		配分	自评	指导教师
1	能将彩色图像转换为灰度图像（二值化）	5 分		
2	能掌握设置变量函数的功能及设置方法	10 分		
3	能掌握数组运算函数的功能及设置方法	10 分		
4	能掌握自定义覆盖函数的功能及设置方法	10 分		
5	能掌握显示图像读取函数的功能及设置方法	5 分		
6	能掌握延时函数的使用方法	5 分		
7	能熟记和遵守工业视觉安全操作规范事项	5 分		
8	能完成任务报告书和项目	30 分		
9	实训室 6S 评分	20 分	—	
工业机器人应用	项目	MOS 引脚检测的编程与调试		
	任务	MOS 引脚检测的编程与调试		

3.13 Tutorial 7——Set Calibration Axis Example（设置校准轴）

1. 获取图像

在步骤选板中选择"获得"（Acquire Image）选项卡，单击"模拟采集"（Simulate Acquisition），打开窗口，浏览文件，选择并打开图像，在"Step Name"（步骤名）里定义步骤名，如图 3 - 206 和图 3 - 207所示。

图 3 - 206 打开模拟采集

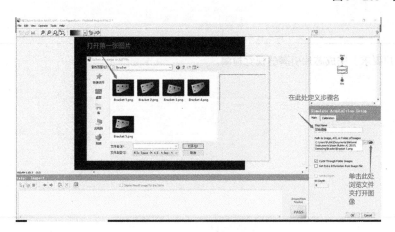

图 3 - 207 设置参数

2. 找直边边缘

打开"定位（Locate）"选项卡，单击"直线边缘"功能，如图 3 - 208 所示。

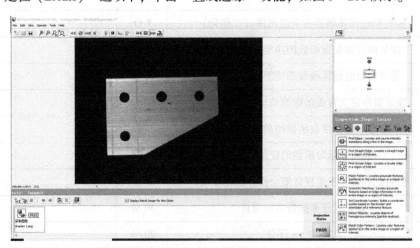

图 3 - 208 选择"直线边缘"

打开"寻找直边"，更改步骤名，在"Region of Interest"（感兴趣区域）下拉列表框中选择"Constat"（局部框选），在图像中框选左直边，如图 3 - 209 所示。

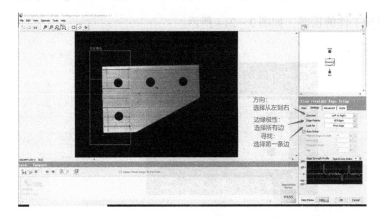

图3-209 设置参数

打开"找直边"的"Setting"（设置）选项卡，选择方向为从左至右，选择边缘极性为所有边，将寻找边选择为第一条边，如图3-210所示。

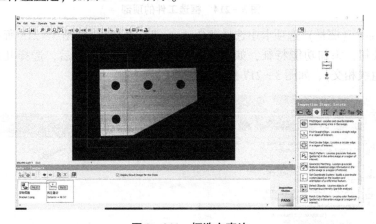

图3-210 设置"Settings"选项卡

手动框选工件左直边，如图3-211所示。

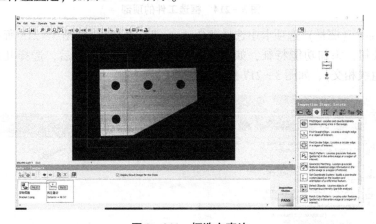

图3-211 框选左直边

找顶边（同上）：打开"找直边"功能，在弹出窗口中更改步骤名；在"Region of Interest"（需要找直边的区域）下拉列表框中选择"Constant"（局部）。打开"Settings"（设置）；设置"Direction"（方向）为"Top to Bottom"（从上到下），"Edge Polarity"（边缘极性）选择"All Edge"（所有边），"Look For"（寻找）选择"First Edge"，如图3-212和图3-213所示。

图 3－212　更改步骤名

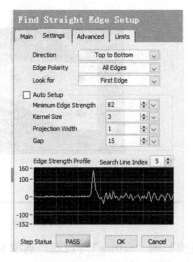

图 3－213　设置"Settings"选项卡

在图像中框选工件的顶部，如图 3－214 所示。

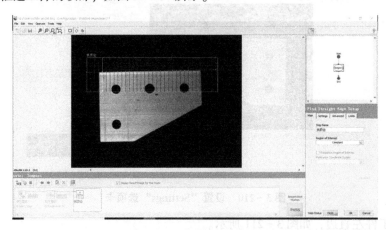

图 3－214　框选工件的顶部

在"Measured"（测量）选项卡中选择"Geometry"（几何），如图 3－215 所示。

单击加号按钮，添加功能特征，如图 3－216 所示，添加功能后，选择几何特征"Lines Intersection"（直线相交），如图 3－217 所示。

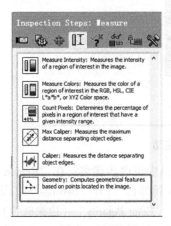

图 3－215　选择测量

图 3－216　添加功能

图 3 - 217 设置几何特征

在"Lines"列表框中单击"Point1",在图像中单击一号点,依次选择 4 个点后,如图 3 - 218 所示,形成两条相交的线并有交点。

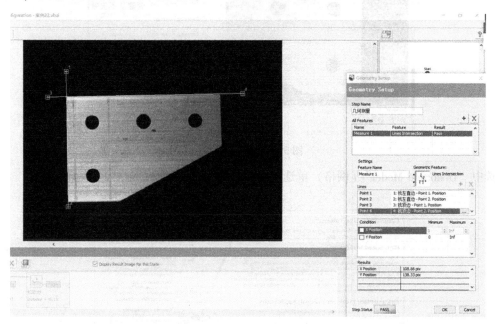

图 3 - 218 选择点

选择"Calibrate Image"(标定图像),单击"New Calibration..."(创建新标定)按钮,如图 3 - 219 所示。

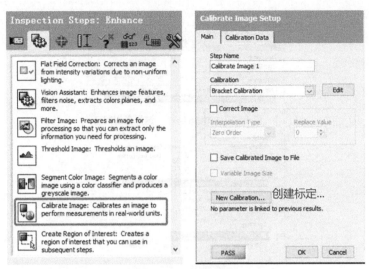

图 3 – 219　创建标定

设置"Calibration Name"（标定名称）和"Operator Name"（创建名称），在"Validity"（有效性）选项组中选中"Calibration never expires"（创建从不失效）单选按钮，如图 3 – 220 所示。

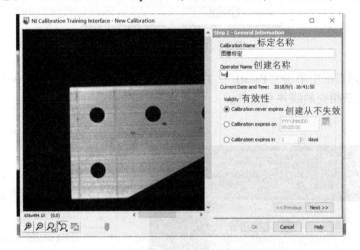

图 3 – 220　设置标定

选中"Distortion Model"（网格）单选按钮，如图 3 – 221 所示。

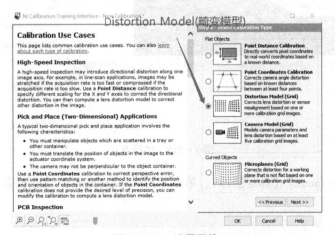

图 3 – 221　设置网格

单击"Load Image from File"（从文件加载图像）按钮，如图 3 - 222 所示，从文件加载图像。

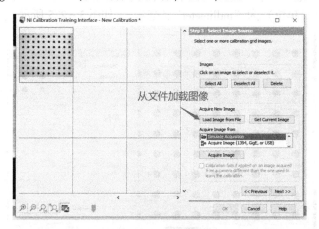

图 3 - 222　加载图像

单击"Get Current Image"（获取当前图像）按钮，如图 3 - 223 所示。

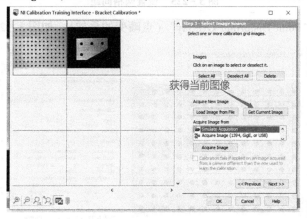

图 3 - 223　获取当前图像

在"Look For"（寻找）下拉列表框中选择"Dark Objects"（深色对象）选项，在"Method"（方法）下拉列表框中选择"Local Threshold：BG Correction"（当地阈值：背景修正）。然后勾选下面的"Valid Dot Area"（有效面积）、"Valid Circularity"（有效循环）、"Ignore Objects Touching Region Borders"（忽略接触区域边界的对象）3 个复选框，如图 3 - 224 所示。

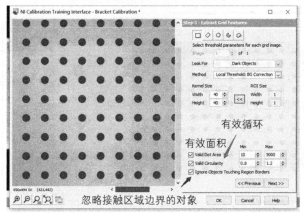

图 3 - 224　设置参数

设置"网格间距"（Grid Spacing）："X Spacing"（X 轴间距）为"10"，"Y Spacing"（Y 轴间距）为"10"，"Unit"（单位）为"millimeter"（毫米），如图 3 - 225 所示。

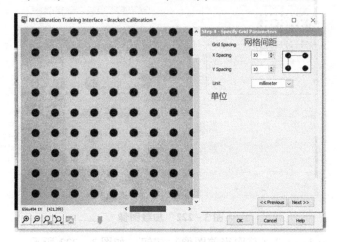

图 3 - 225　设置网格间距

"Display"选择"Point Distortion Overlay"（点畸变的叠加），如图 3 - 226 所示。

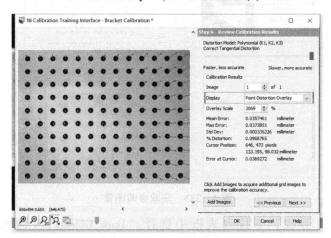

图 3 - 226　设置显示参数

设置坐标系如图 3 - 227 所示。

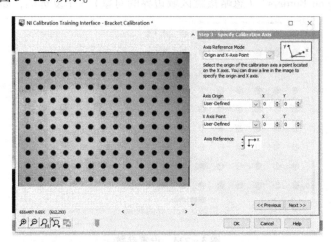

图 3 - 227　设置坐标系

打开步骤选项卡中的"Locate"（定位），单击"Detect Objects"（检测对象）功能，设置"Step Name"为"检查对象"，"Region of Interest"（感兴趣区域）选择"Constant"（局部），如图3-228~图3-230所示。

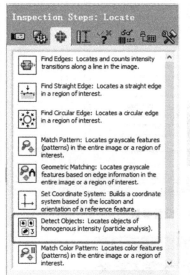

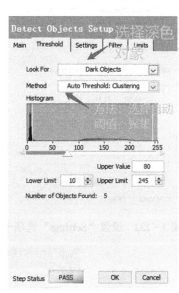

图3-228　选择检测对象　　　　　图3-229　修改名称　　　　　图3-230　设置参数

手动在图像中框选3个圆，如图3-231所示。

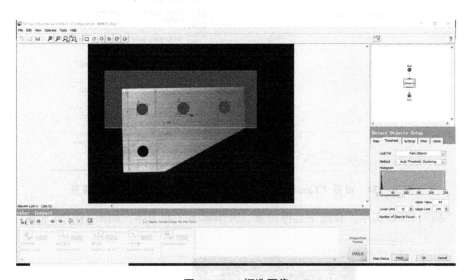

图3-231　框选图像

选择"Settings"（设置）选项卡，勾选"Ignore Objects Touching Region of Interest"（忽略接触感兴趣区域的对象）、"Fill Holes within Objects"（填充物体内部的孔）、"Minimum Object Size"（最小对象尺寸）：（35.00）复选框，"Sort by"（排序方式）为"Center of Mass. X"，单击"Select Parameters"（选择参数）按钮，在弹出的对话框中勾选"Center of Mass"（pixel, Word）、"Area"（Pixel, word）。

设置"Minimum Number of Objects"（最少对象数量）为"3"，在选项卡中选择"Custom Overlay"（定制覆盖）并打开设置窗口，如图3-232~图3-235所示。

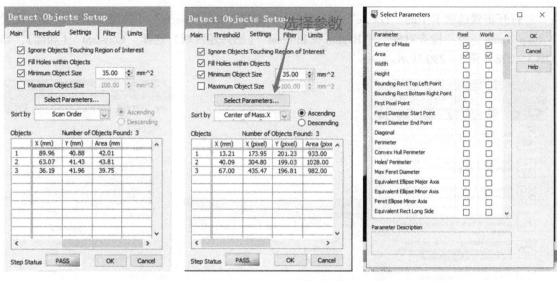

图 3 - 232　设置"Settings"选项卡　　　　　图 3 - 233　设置参数

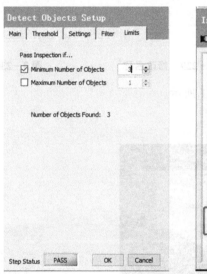

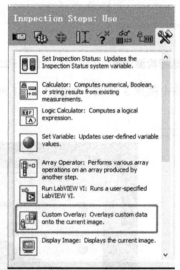

图 3 - 234　设置"Limits"选项卡　　　　图 3 - 235　选择定制覆盖

单击"Aa"，添加文本，在图中选择位置，并编辑文字和字体，如图 3 - 236 所示。

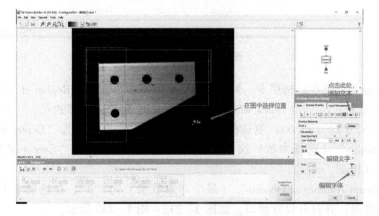

图 3 - 236　定义文字覆盖

在"Insertion Point"（插入要点）下拉列表框中选择"object1 center of mass"（检测对象），然后再修改"Y Offect"（Y轴）为"50"，一次添加3个文本，如图3-237所示。

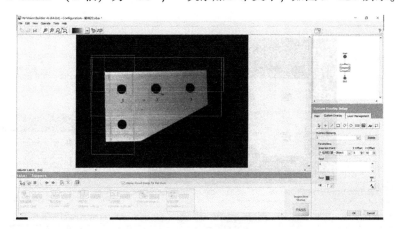

图3-237 检测对象

添加文本设置位置，编辑文本，添加变量，如图3-238所示。

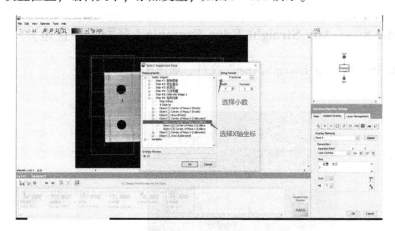

图3-238 设置参数

依次添加位置变量，如图3-239所示。

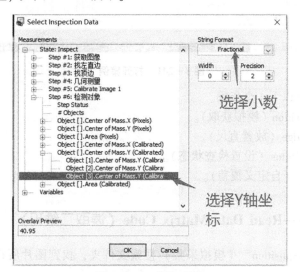

图3-239 添加变量

　　设置位置信息。添加文本设置，添加变量，选择面积变量，选择小数，依次添加 3 个面积变量。完成后，执行循环，如图 3 - 240 所示。

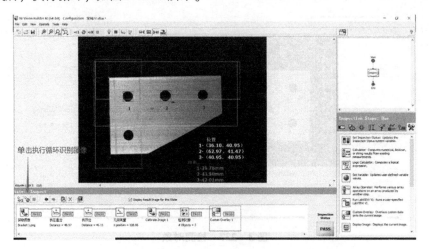

图 3 - 240　执行循环

3.14　Tutorial 8——Adv Straight Edge Example（获取工件直边）

　　打开 "Adv Straight Edge Example. vbai" 文件，如图 3 - 241 所示。

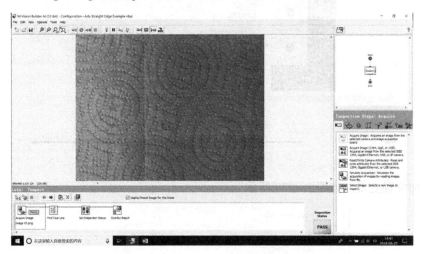

图 3 - 241　打开案例

　　在此案例中主要有以下 4 个步骤。

1) Simulate Acquisition（模拟获取）。

2) Adv. Straight Edge（放置直尺）。

3) Set Inspection Status（设置检查状态）。

4) Custom Overlay（自定义覆盖）。

3.15　Tutorial 9——Read Data Matrix Code（读取二维码）

　　进入 "Simulate Acquisition"（模拟采集）搜索文件夹，找到图片所在文件夹后打开图片，如图 3 - 242 所示。

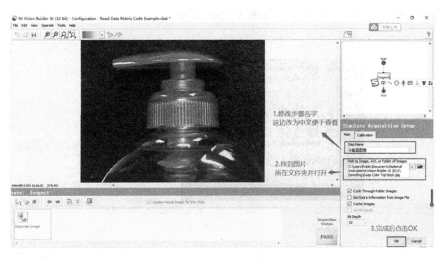

图3-242 打开图片

完成后单击"OK"按钮。搜索文件夹，找到图片所在文件夹后打开图片，如图3-243所示。完成后单击"OK"按钮。读取二维码，如图3-244所示。

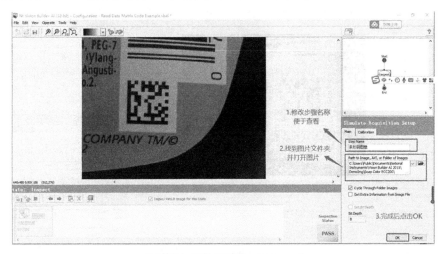

图3-243 打开图片文件

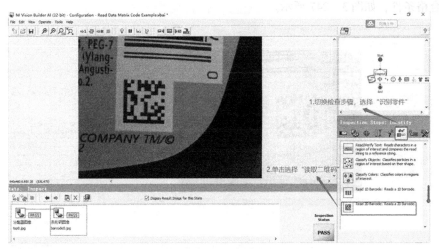

图3-244 选择识别零件

修改步骤名称，选择条形码类型，如图 3 - 245 所示。

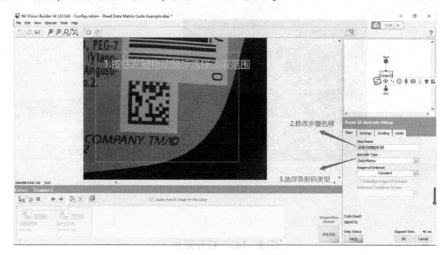

图 3 - 245　选择条码类型

选择二维码检测标准，如图 3 - 246 所示。

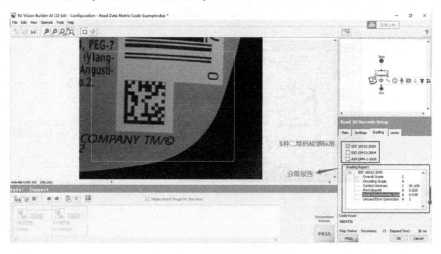

图 3 - 246　选择二维码检测标准

设置合格条件，如图 3 - 247 所示。

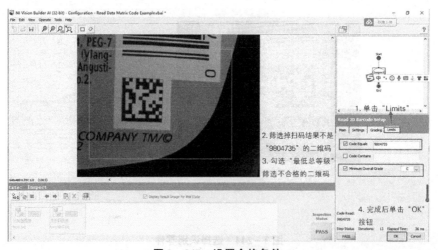

图 3 - 247　设置合格条件

完成后单击"OK"按钮，切换图像，如图3-248所示。

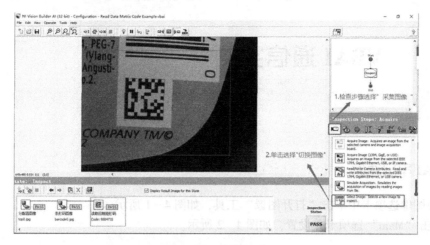

图3-248 切换图像

完成后单击"OK"按钮，如图3-249所示。

图3-249 单击"OK"按钮

VBAI 通信实例

4.1　VBAI 串口通信

在采集图像选项卡中单击"打开图像"工具，如图 4-1 所示。

1）单击"Main"选项卡并设置，如图 4-2 所示。

图 4-1　打开图像

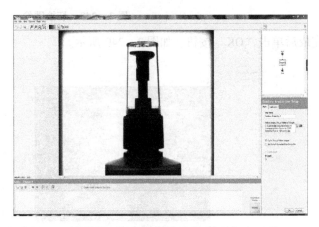

图 4-2　设置"Main"选项卡

2）打开"定位特征"选项卡，单击"模板匹配"工具，建立模板，如图 4-3 所示。

3）在弹出的悬浮框中"框选"要建立的模板区域。

4）单击"Next"按钮，如图 4-4 所示。

图 4-3　模板匹配

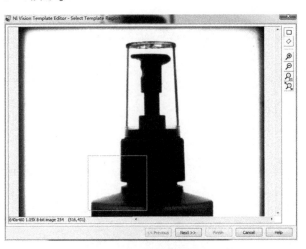

图 4-4　建立模板区域

5) 在出现模板中心坐标后单击"Finish"按钮,如图4-5所示。

6) 在"Region of Interest"下拉列表框中选择"Full Image",如图4-6所示。

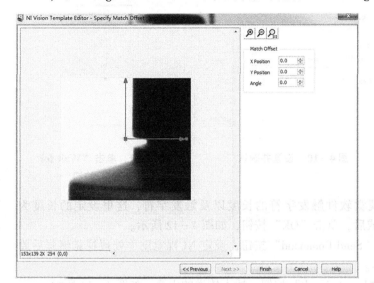

图4-5 中心坐标 　　　　　　　　　　图4-6 选择"Full Image"选项

7) 在"Limits"选项卡中勾选"Minimum Number of Matches"复选框。

8) 单击"OK"按钮,如图4-7所示。

9) 在通信选项卡中选择"串口通信"工具,如图4-8所示。

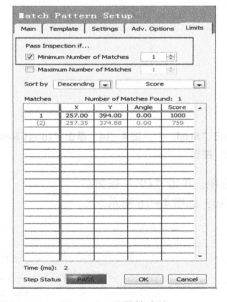

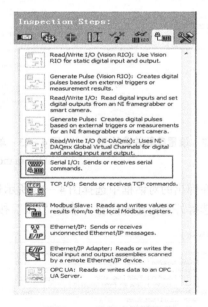

图4-7 设置并确认 　　　　　　　　　　图4-8 选择串口通信

10) 在"Commands"中单击"Flush Port"按钮,设定触发 NI 视觉助手处理视觉流程的端口号,如图4-9所示。

11) 在"Flush Port"下拉列表框中选择端口号,单击"OK"按钮,如图4-10所示。

12) 在"Commands"中单击"Wait for String"按钮,设定触发 NI 视觉助手处理视觉流程的字符串,如图4-11所示。

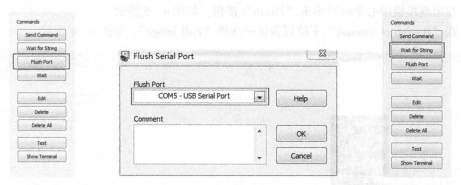

图 4 – 9　单击"Flush
Port"按钮　　　　图 4 – 10　设置并确认　　　　图 4 – 11　单击"Wait for
String"按钮

13）在弹出的对话框中设定视觉软件触发字符的长度以及触发字符，这里设定的长度为"2"，触发字符为"ok"。设定完成后，单击"OK"按钮，如图 4 – 12 所示。

14）在"Commands"中单击"Send Command"按钮，设定 NI 视觉助手处理视觉流程后要传送出去的内容，如图 4 – 13 所示。

15）在弹出的对话框中单击"Insert Result"按钮，插入传送的内容，如图 4 – 14 所示。

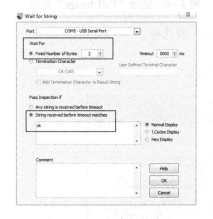
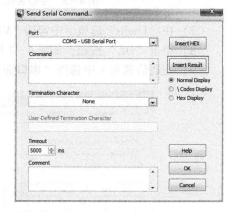

图 4 – 12　设置参数并确认　　图 4 – 13　单击"Send
Command"按钮　　图 4 – 14　单击"Insert Result"按钮

16）在弹出的对话框中选择图 4 – 15 所示选项，单击"OK"按钮。

17）选择好要传送的内容，单击"OK"按钮，如图 4 – 16 所示。

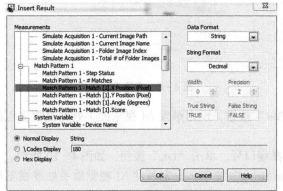

图 4 – 15　设置测量选项　　　　　　　　图 4 – 16　设置参数

18）串口通信设置完成后，单击"OK"按钮，如图4-17所示。

图4-17 设置参数

19）以上就是成功设置 NI 视觉的基本处理流程，试运行如图4-18所示。

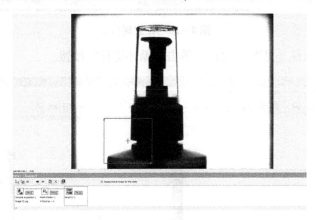

图4-18 试运行

4.2 串口测试（串口通信助手）

1）打开小黄人软件（见图4-19），选择菜单栏中的"选项"→"中文"命令。

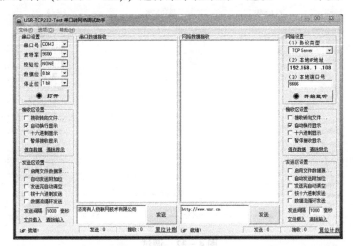

图4-19 打开小黄人软件

2）选择另一个串口端（注意：不能与 NI 视觉助手设定的 com 端一样；否则无法成功设定。完成后，单击"打开"按钮，"指示灯亮起"表示端口打开成功），如图 4-20 所示。

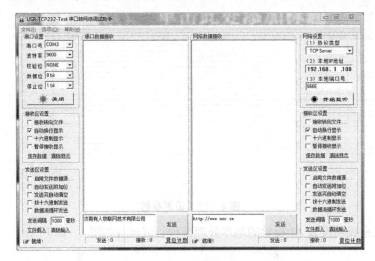

图 4-20　设置端口

3）返回 NI 视觉软件（见图 4-21），单击"循环运行"按钮。

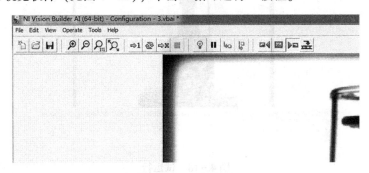

图 4-21　视觉软件

4）返回串口测试软件，设置好触发字符，单击"发送"按钮，能接收 NI 视觉软件回传数据即为成功实现串口调试，如图 4-22 所示。

图 4-22　调试

4.3 VBAI 与 TCP 通信实例

单击通信选项卡，选择"TCP I/O"功能，如图 4 – 23 所示。进入设置界面，如图 4 – 24 所示。

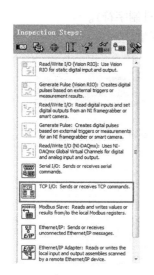

图 4 – 23 选择"TCP I/O"通信

图 4 – 24 设置参数

- Command List：命令列表，列表的命令通过 TCP 通信发送或接收。
- Send Command：发送命令，启动对话框，允许配置并发送一个命令，单击该按钮，如图 4 – 25 所示。
- Wait for String：等待字符串，启动对话框，允许配置系统等待传入命令，单击该按钮，如图 4 – 26 所示。
- Flush Buffer：刷新缓冲区，启动对话框，允许配置系统的 TCP 通信缓冲区。
- Wait：等待，启动对话框，允许配置系统之前等待发送或接收额外的命令。
- Edit：编辑，启动对话框，允许编辑选中的命令。

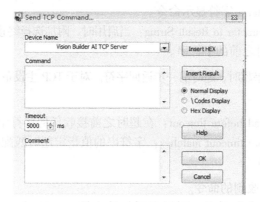

图 4 – 25 设置数据

- Delete：删除，删除选中的命令。
- Delete All：删除所有，删除在命令列表中的所有命令。
- Test：测试，执行在命令列表中的所有命令。
- Show Terminal：显示终端，启动通信终端，列出所有的终端和显示命令的发送和接收。
- Step fails in case of error or timeout：设置步骤状态为出现错误或超时失败。
- 单击"发送命令"按钮，进入发送数据设置窗口，如图 4-25 所示。
- Device Name：设备的名称，想要发送一个命令。
- Command：想要发送命令。
- Insert HEX：启动对话框中，输入想插入的命令（用十六进制字符）。
- Insert Result：启动对话框，选择结果之前的检验步骤或变量。
- Comment：评论想要发送的命令。

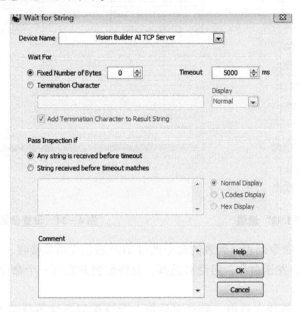

图 4-26　等待字符串对话框

- Device Name：设备的名称，希望收到一个命令。

Wait For：

- Fixed Number of Bytes：启用时，从设备中指定的设备上等待指定的字节数量。
- Termination Character：字符显示命令。
- Add Termination Character to Result String：当启用时，附加选择终止字符接收到的字符串。
- Timeout：等待超时之前的字符串。

对于 TCP 从设备，如果超时，超时前一步返回字符。对于 TCP 主设备，如果超时，不返回字符。

Pass Inspection If：

- Any string is received before timeout：在超时之前接收任何字符串。
- String received before timeout matches：字符串的值指定超时匹配之前指定的值。也可以指定如何显示字符串。

Comment：设置希望收到的命令。

其他按钮也为基本的参数设置，可以查阅帮助文档，这里不一一说明。设置完成后单击"OK"按钮即可。之后再选择 Ethernet/IP 函数设置服务器参数，如图 4-27 所示。

图4-27 选择"Ethernet/IP"函数

进入设置界面，如图4-28所示。

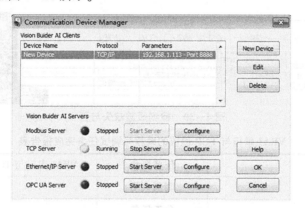

图4-28 设置界面

单击"Edit"按钮，设置服务器参数，如图4-29所示。

图4-29 设置服务器参数

设置完成后，运行 TCP Server，就可实现通信了。

4.4　技能综合训练 8

工作场景描述

某化妆品生产企业，在后端工序上要进行瓶盖有无的检测。工程部张工接到任务后，现场安装并调试，通过使用 NI VIBA 的编程，就可以实现瓶盖缺失的检测，现要求在 4h 内对识别到的数据进行传输，完成 VBAI 的通信，如图 4 – 30 所示。

图 4 – 30　检测瓶盖缺失与否

VBAI 串口与 TCP 通信的编程与调试任务完成报告表

姓名		任务名称	VBAI 串口与 TCP 通信的编程与调试
班级		同组人员	
完成日期		分工任务	

简答题：

1. 串口 9 个引脚的具体定义是什么？

2. 串口的传输率有哪几种？

3. 同步串口和异步串口的区别是什么？

4. TCP 通信函数的功能及设置方法是什么？

5. 服务器和客户端在 TCP 通信中的区别是什么？

VBAI 串口与 TCP 通信任务完成报告表

姓名		任务名称	VBAI 串口与 TCP 通信
班级		同组人员	
完成日期		分工任务	

1. 图 4 – 31 中串口通信实例中创建的流程是什么？

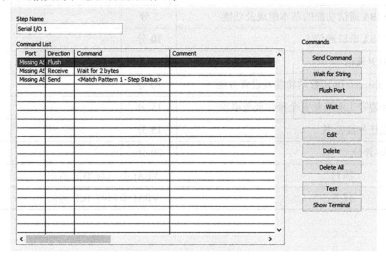

图 4 – 31 实例

2. 根据 VBAI 通信，请连接现场相机进行串口、TCP 通信。

检查和评分表（任务）				
序号	表现要求	评分		
		配分	自评	指导教师
1	能掌握 VBAI 软件的通信方法	5 分		
2	能正确描述 VBAI 的通信功能模块	5 分		
3	能掌握 VIBA 通信功能的基本组成及功能	5 分		
4	能掌握 VIBA 串口通信	10 分		
5	能掌握 TCP 通信	15 分		
6	能掌握 Ethernet/IP 函数的功能及设置方法	10 分		
7	能熟记和遵守工业视觉安全操作规范事项	15 分		
8	能够完成任务报告书	15 分		
9	实训室 6S 评分	20 分	—	
工业机器人应用	项目	VBAI 串口与 TCP 通信		
	任务	VBAI 串口与 TCP 通信		

第 5 章 05 工业机器人视觉技术综合实训

5.1 VBAI 与 ABB 通信实例

ABB 机器人基于 VBAI 软件完成视觉贴合的项目，该项目的内容简介如下。

整个物体由物料盘、物料放置盘、相机、ABB 机器人四部分组成（见图 5-1），整个动作分为以下几部分。

1）机械手在物料盘抓取工件，然后移动到相机拍照位置，同时机器人发送触发字符给 VBAI，通知其拍照。

2）VBAI 收到触发字符进行拍照和模板匹配，匹配成功后将获取工件的具体数据，VBAI 将模板的 X、Y 和角度通过串口发送数据给 ABB 机器人；否则返回一个（0，0，0）的数据告诉机器人匹配不成功。

ABB 机器人接收到正确的数值后，对数据进行处理和分析，然后将工件放回正确的物料放置盘。

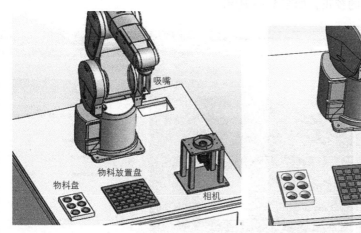
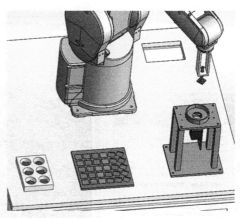

图 5-1 项目布局图

这里 VBAI 程序主要有以下几个步骤，ABB 程序的编写可参照对应的 ABB 教材。

第一步：接收触发字符；这里用的是串口通信，所以应选择串口通信；单击 "Wait for String" 按钮，选择 COM1，在触发字符中输入 "ok"，与 ABB 机器人发送的设定一致；然后单击 "OK" 按钮结束字符设置，在通信设置中同样单击 "OK" 按钮，结束通信步骤的设置，如图 5-2 所示。

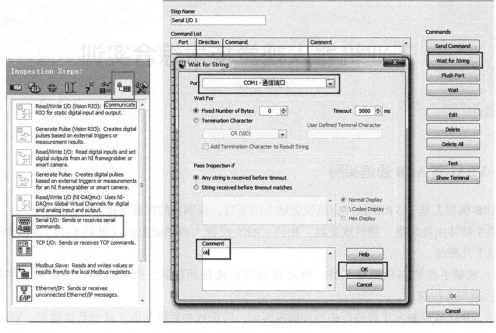

图 5 - 2　通信接收设置

第二步：连接相机，拍照获取图片。这里用的是工业相机，具体操作可参考前面介绍内容。

第三步：校正坐标，因为相机是固定位置安装的，所以 ABB 机器人首先应该找准一个合适的拍照位置，然后再进行坐标的校正，如图 5 - 3 所示。

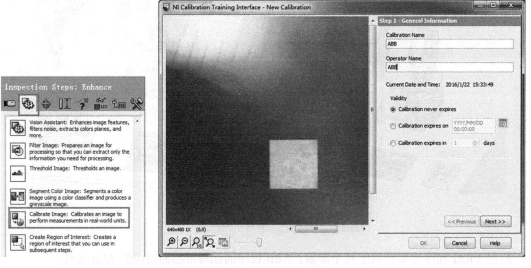

图 5 - 3　新建坐标设置

同样单击"Calibrate Image"功能，在校正坐标中命名为"ABB"。具体的校正方法这里介绍第二种方法，即"Point Coordinates Calibration"，用这种方法得到的坐标就是一个机器人当前使用的坐标值，如图 5 - 4 所示。

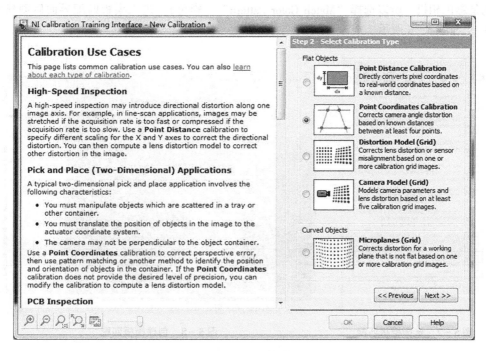

图5-4 校正方法选择

在校正的坐标处单击4个点，向对应的4个点输入机器人 TCP 点到达该点的机器人坐标（至少4个点以上，建议9个点分布在视野的四周和中间）；做完4点校正后，一直单击"Next"按钮，直到单击"OK"按钮，如图5-5所示。

第四步：添加坐标系，这里不需参数的设置，直接单击"OK"按钮即可，如图5-6所示。

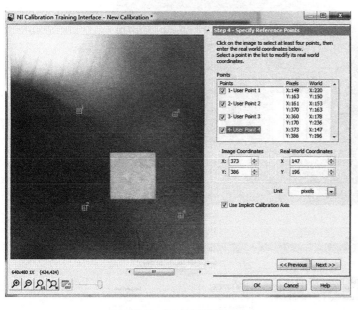

图5-5 校正坐标

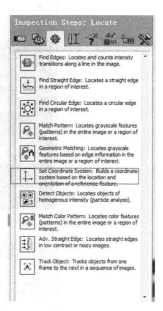

图5-6 添加坐标系

第五步：模板匹配。这里用的物料模板都是方块，在拍照点，机器人拾取方块后，在相机处拍照建立一个方形的模板。模板匹配有两种，分别是黑白图片匹配和彩色图片匹配。由于这里用的是彩色相机，所以选择"Match Color Pattern"（彩色）。进入模板匹配界面后创建模板，如图 5 - 7 和图 5 - 8 所示。

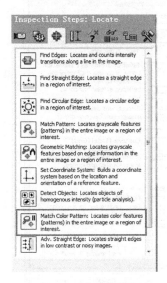

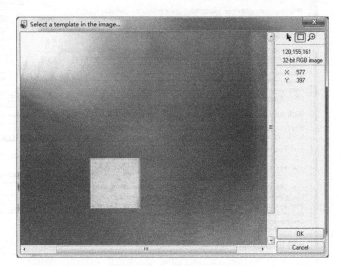

图 5 - 7　选择模板匹配　　　　　　　　　　图 5 - 8　创建模板匹配

建立之后，成功匹配模板，如图 5 - 9 所示。

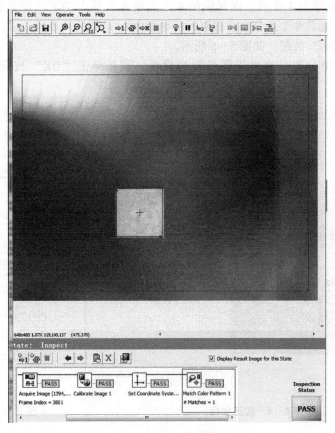

图 5 - 9　模板匹配成功

第六步：设置通信，将数据发送出去，在通信设置中选择 "Serial I/O"，具体设置如图 5 - 10 所示。

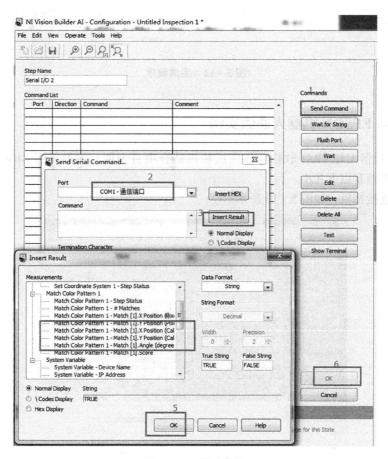

图 5 - 10　修改参数

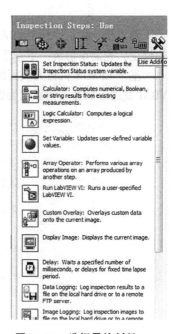

单击 "Send Command" 按钮，选择 COM1 后，单击 "Insert Result" 按钮，将 Match Color Pattern 1-Match［1］. X Position（Calibrated）、Math Color Pattern 1-Match［1］. Y Position（Calibrated）、Math Color Pattern 1-Match［1］. Angle（degree）这 3 个数据发送出去，中间用逗号隔开。最后单击 "OK" 按钮完成发送通信的设置。

第七步：设置检查状态。最后可设置一个检查设置状态作为结束（见图 5 - 11），这里不用改其他参数，直接单击 "OK" 按钮。

至此，VBAI 内的程序已经编写完了，如图 5 - 12 所示。

图 5 - 11　选择最终判断

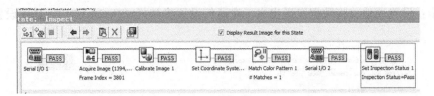

图 5 – 12　完成程序

5.2　VBAI 与 EPSON 机器人通信实例

以 EPSON 机器人与 VBAI 软件合作完成相机贴合项目为例，相机使用 GIGE 接口的相机，整个过程主要步骤有以下几步。

第一步：连接相机，如图 5 – 13 所示。

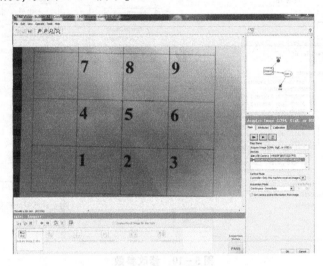

图 5 – 13　连接相机

第二步：校正坐标，VBAI 与 EPSON 都有其自身的校正坐标工具，这里重点讲解基于 VBAI 的校正，先简单讲解一下基于 EPSON 校正的原理。

基于 EPSON 机器人校正的程序如图 5 – 14 所示。需要注意的是，基于 EPSON 机器人的校验 VBAI 发送给机器人的数据为像素点，像素点转化为坐标点的校正过程在 EPSON 机器人中实现。

```
Function calibCamera1
    'A相机校准
    LoadPoints "Points.pts" '装载点文件

    VxCalib 1, 2, P(20:28), P(10:18)      '20:28为存在点数据里的像素点坐标， 10:18为机器坐标
'   P30 = VxTrans(1, XY(x, y, 0, 0))
    If VxCalInfo(1, 1) = True Then
        Print "相机A校准成功，结果如下:"
        Print "          X方向の平均偏差[mm]:", VxCalInfo(1, 2)
        Print "          X方向の最大偏差[mm]:", VxCalInfo(1, 3)
        Print " X方向の1ピクセル当たりの長さ（ mm ):", VxCalInfo(1, 4)
        Print "          X方向の傾き（ deg ):", VxCalInfo(1, 5)
        Print "          Y方向の平均偏差[mm]:", VxCalInfo(1, 6)
        Print "          Y方向の最大偏差[mm]:", VxCalInfo(1, 7)
        Print " Y方向の1ピクセル当たりの長さ[ mm ]:", VxCalInfo(1, 8)
        Print "          Y方向の傾き（ deg ):", VxCalInfo(1, 9)
    Else
        Print "相机校准失败，请重新示教点校准相机"
    EndIf
    If VxCalInfo(1, 1) = True Then VxCalSave "cal_camera1.caa"
Fend
```

图 5 – 14　查看程序

通过图 5 – 14 所示的程序来校正坐标，在主程序调用此函数。

之后在主程序中调用此函数来完成转换：

```
P30 = VxTrans(1, XY(x, y, 0, a))          '坐标转换
```

注：P30 为一个临时点，用来存放之后 VBAI 发送过来的转换后的数据。

基于 VBAI 校正坐标主要步骤如下：

1）选择校正坐标工具，然后单击"新建坐标系"（New Calibration）按钮，如图 5 – 15 所示。

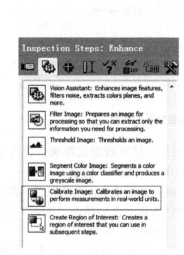

图 5 – 15　新建坐标

2）进入设置界面，这里选中第一个单选按钮，之后单击"Next"按钮，如图 5 – 16 所示。

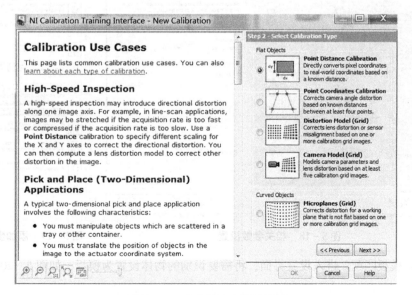

图 5 – 16　选中第一个单选按钮

3）选择所拍摄的要创建坐标系的区域，之后单击"Next"按钮，如图 5 - 17 所示。

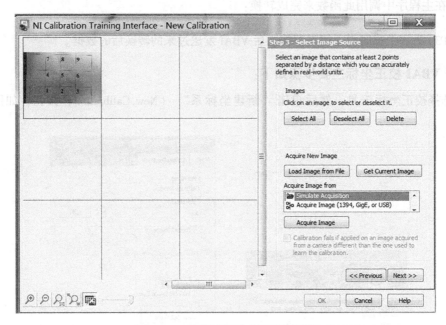

图 5 - 17　选择要创建坐标系的区域

4）校正过程中需要一张画有方格的纸来协助校正，保证数据的准确，在方格纸上选择两点，在 Length 参数填上其长度，这里为 40mm，之后单击"Next"按钮。

5）这一步骤中，在显示区域上单击两点，第一点为要创建坐标系的原点，第二点为 X 轴或 Y 轴的方向，"Axis Reference"参数设置可改变 Y 轴的方向，之后单击"Next"按钮，查看全部的参数，最后单击"OK"按钮，完成坐标校准工作，如图 5 - 18 所示。

第三步：添加坐标系。这里不需参数的设置，单击"OK"按钮，如图 5 - 19 所示。

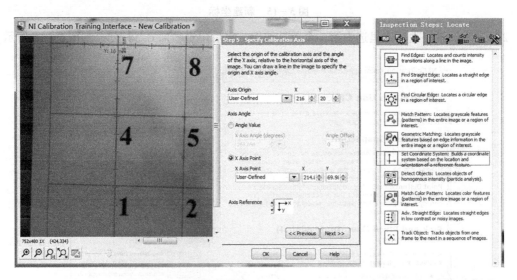

图 5 - 18　相关参数设置　　　　　　**图 5 - 19　添加坐标系**

第四步：模板匹配。进入设置界面，将需要识别的物体设置为模板，如图 5 - 20 所示。

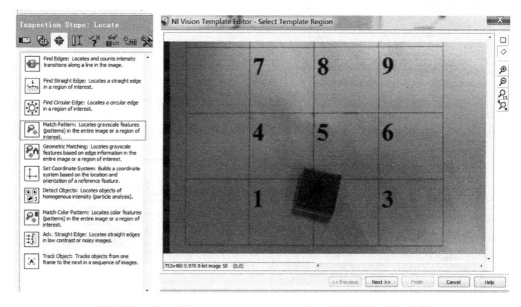

图 5-20 设置模板

第五步：设置通信。这里设置为 TCP 通信，如图 5-21 所示。

进入设置界面，首先设置等待字符串，这里与 EPSON 程序中发送"ok"字符相呼应，如图 5-22 所示。

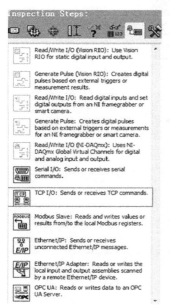

图 5-21 设置 TCP 通信　　　　图 5-22 设置参数

选择所要发送的数据，选择 Match Pattern1-Match [1]. X Position (Pixel) 和 Match Pattern1-Match [1]. Y Position (Pixel) 的值，如图 5-23 所示。

在选择好发送的数据后，要发送给 EPSON 时还需在数据后面加换行符，这里直接加回车符是没有用的，需要单击"Insert HEX"按钮，输入 0D（0D 是十六位进制的数，可查看 ASCII 码表），之后单击"OK"按钮，设置完毕，如图 5-24 所示。

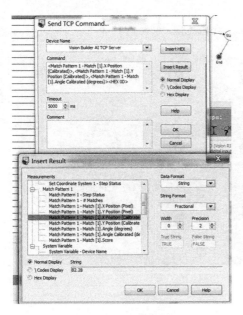 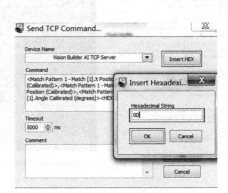

图 5 - 23　设置参数　　　　　　　　　图 5 - 24　修改参数

第六步：设置检查状态。最后可设置一个检查设置状态作为结束，这里不用修改其他参数，直接单击"OK"按钮。

到这里 VBAI 部分的设置就完成了，如图 5 - 25 所示。

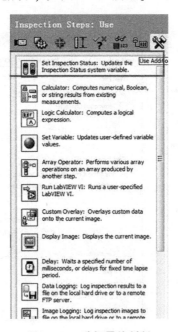

图 5 - 25　选择最终判断

第七步：EPSON 程序。EPSON 上下贴合的程序编程思路有很多，重点是机器人通信设置与 VBAI 之间的设置一致。具体 EPSON 机器人知识可参考 EPSON 机器人教材。